DIE LEHRE VON DEN ZEICHEN DES HIRSCHES

EINGELEITET UND HERAUSGEGEBEN

VON

KURT LINDNER

WALTER DE GRUYTER & CO. BERLIN

1956

QUELLEN UND STUDIEN

ZUR GESCHICHTE DER JAGD

HERAUSGEGEBEN VON

KURT LINDNER

III

Carl Arnold Willemsen
in freundschaftlicher Verbundenheit

INHALT

I.

Das deutschsprachige jagdliche Schrifttum des Mittelalters nimmt sich neben den unvergleichlichen Leistungen der romanischen Völker in jener Zeit bescheiden aus. Es möchte fast anmaßend erscheinen, beides mit gleichem Maßstab messen zu wollen. Während sich im Süden und Westen Europas seit dem 12. Jahrhundert eine überraschend originelle Jagdliteratur rasch und von geradezu überquellendem Reichtum entfalten konnte, erwiesen sich die germanischen Völker bei auffallend ähnlichen Entwicklungstendenzen wenig fruchtbar und phantasiebegabt. Deutsche und Engländer lieferten einige bodenständige, von fremden Einflüssen freie Arbeiten, aber diese dürften in ihrer unübersichtlichen Zerstreutheit bislang weder für den Sprachwissenschaftler noch für den Kulturhistoriker zum lebendigen Begriff geworden sein. Man wird deshalb auch die Geschichte des deutschen jagdlichen Fachschriftums nicht schreiben können, ohne den starken Einfluß außerdeutscher Quellen gewürdigt oder sogar zum Gradmesser des nationalen Schaffens gemacht zu haben. Werke, die ursprünglich in lateinischer oder französischer Sprache abgefaßt waren, erschienen in Form von Übersetzungen und verschleierten oft genug das ohnedies blasse Bild des nationalen literarischen Schaffens. Deutschlands lehrhaftes Jagdschrifttum ist bis zum Beginn des 17. Jahrhunderts allzu sehr mit den Werken der spätmittelalterlichen, oft anonymen Autoren lateinischer Traktate, mit den Arbeiten eines Albertus Magnus oder eines Petrus de Crescentiis, vor allem aber mit den Schöpfungen bedeutender französischer Schriftsteller, wie Jacques Du Fouilloux, Jean de Clamorgan, Jean de Franchières, Guillaume Tardif, Arthelouche de Alagona, Guillaume Bouchet, Charles Estienne, Jean Liébault und Charles d'Arcussia, die alle durch Übersetzungen bekannt wurden, verknüpft, als daß neben diesen großen Namen und Leistungen das wenige wirklich Originelle hätte in den Vordergrund treten können. Immerhin wäre es ungerecht, damit über die altdeutsche Jagdliteratur den Stab gebrochen zu haben. Auch von ihr gingen Impulse aus, denen die Nachbarvölker nichts Gleichwertiges an die Seite zu stellen hatten, aber diese betrafen Randgebiete des Fachschrifttums. Sie fanden ihren Ausdruck in Werken allegorischen, satirisch-zeitkritischen und rechtlichen Inhalts. So ist die deutsche Jagdliteratur bis ins 17. Jahrhundert arm an größeren originellen Arbeiten lehrhaften Charakters, viel eher ein getreues Spiegelbild der durch den Verfall einer starken Zentralgewalt gekennzeichneten politischen Geschichte des Reiches.

Nimmt man die hinsichtlich ihrer Bedeutung für die Literaturgeschichte noch nicht hinlänglich gewürdigten Weidsprüche und Jägerschreie aus, kennen wir aus spätmittelalterlicher Zeit nur zwei von außerdeutschen Einflüssen freie bodenständige Arbeiten, die „Deutsche Habichtslehre" und die „Lehre von den Zeichen des Hirsches". Es ist kein Zufall, daß unter diesen beiden annähernd zu gleicher Zeit entstandenen Arbeiten die erstere die geistesgeschichtlich bedeutsamere ist. Das beizjagdliche Fachschrifttum eilte der die sonstigen Sparten der Jagd behandelnden Literatur um mehr als ein volles Jahrhundert voraus. Die Falknerei reizte stärker als alle anderen Gebiete der Jagd zu lehrhaften Darstellungen, früh gekrönt durch die kaum wieder erreichte Abhandlung Friedrichs II. von Hohenstaufen „De arte venandi cum avibus". Am ehesten folgten dann Werke, in deren Mittelpunkt die Jagd auf Rotwild stand, während der Technik der Jagd auf die übrigen Wildarten, insbesondere auch der wirtschaftlich bedeutsame Vogelfang, anfangs kaum eine literarische Würdigung erfuhren.

II.

Nachdem ich vor kurzem den Text der „Deutschen Habichtslehre“ in einer kritischen Ausgabe vorlegen konnte, ist die vorliegende Arbeit dem zweiten aus mittelalterlicher Zeit stammenden originellen Jagdwerk in deutscher Sprache, der „Lehre von den Zeichen des Hirsches“, gewidmet. Hierunter versteht man eine Anweisung zur Unterscheidung der Geschlechter beim Rotwild und die Bestimmung ihrer Stärke auf Grund aller von diesen hinterlassenen, vornehmlich in der Fährte zum Ausdruck gekommenen Zeichen.

Es ist nicht mit Gewißheit zu sagen, wann in den Kreisen der zünftigen deutschen Jägerschaft diese Lehre entwickelt wurde, sicherlich aber war sie längst ausgebildet und über Generationen mündlich fortgeerbt, als sie spätestens um die Wende des 14. zum 15. Jahrhundert zur Aufzeichnung kam. Die kleine Arbeit, die uns hier beschäftigt, läßt viel stärker den Hauch des Schöpferischen vermissen als die vergleichbare „Deutsche Habichtslehre“. Ruft diese den Eindruck der spontanen persönlichen Leistung, geboren aus einem individuellen Erleben und vertieft durch einen sehr reichen Erfahrungsschatz, hervor, wirkt die „Lehre von den Zeichen des Hirsches“ wie die Bilanz eines pflichteifrigen, aber trockenen Beamten. Bei der lehrhaft ermüdenden Summierung eines langsam erworbenen, schon zum Dogma erstarrten Wissens kann man sich kaum des Gefühls erwehren, es handele sich nur um ein Fazitziehen unter einer längst nicht mehr lebendigen Vergangenheit. Die hoch entwickelte jagdliche Ethik, die sich so vielfältig in der deutschen mittelalterlichen Dichtung wiederspiegelt, berechtigt zu der Annahme, daß jenes Wissen, das in der auf uns überkommenen „Lehre von den Zeichen des Hirsches“ seinen Niederschlag fand, schon im 13., gewiß aber bereits in der ersten Hälfte des 14. Jahrhunderts voll entwickelt war und sich seit dieser Zeit in mündlicher Tradition fortpflanzte. Wir haben zwar keinen zuverlässigen zeitgeschichtlichen Beweis für eine ausgeprägte Zeichenlehre im hohen Mittelalter, aber es gibt doch Anhaltspunkte, die ihre Existens längst vor der Abfassung unseres Traktats vermuten lassen. Erinnert sei nur an eine Stelle bei Hadamar von Laber[1]), die eine unverkennbare Ähnlichkeit mit einer Bemerkung in der klassischen Zeichenlehre aufweist:

Ich tar nicht wol gesagen,
. . . . . .
wie hôch ez hab geslagen
. . . . . .
daz ist ein zeichen wîsen und den tôren
. . . . . .
ez tût kein hinde mit den iren ôren.

Damit inhaltsgleich sind die Worte in der „Lehre von den Zeichen des Hirsches"[2]):

„dz erst jst wen*n* der hi*r*cz jn dz holcz ga*n*t dz er
den dz holcz vn*d* löb rüret mit de*m* gehürn. . . .
. . . Des selbe*n* zeiche*n*s solt du gar guot
lûgen won es tût an kain hind mit de*n* ore*n*."

Je mehr man sich mit der „Lehre von den Zeichen des Hirsches" beschäftigt, desto stärker wird der Eindruck, daß es sich ursprünglich um eine Spruchweisheit der berufsständigen Jägerschaft, also um eine Art Zunftwissen gehandelt hat. Das bedeutet zugleich, daß es ein vergebliches Unterfangen wäre, nach dem Verfasser des Traktats suchen zu wollen. Der Personenname, der uns zusammen mit der ältesten Handschrift erhalten ist, bezieht sich deshalb wahrscheinlich nicht auf den Verfasser unserer Abhandlung

---

[1]) Hadamars von Laber Jagd, herausgeg. von J. A. Schmeller, Bibliothek des Literarischen Vereins in Stuttgart, Bd. XX, Stuttgart 1850, S. 21, Strophe 86

[2]) A, Kap. 5, fol. 137r$^{17-21}$.

sondern nur auf einen Abschreiber. Diese älteste Fassung, welche uns in einer Anzahl nah verwandter Handschriften und früher Drucke überliefert ist, wird hier als der klassische Text bezeichnet. Aus ihm entstanden bis zur Wende des 16. zum 17. Jahrhundert vier erheblich erweiterte Abhandlungen, die als Derivattexte anschließend wiedergegeben und, soweit nötig, erläutert wurden. Sie lassen die Weiterentwicklung der Zeichenlehre bis zu dieser Zeit erkennen. Es ist kaum anzunehmen, daß es sich hierbei um die einzigen Beweise einer lebendigen Fortentwicklung handelt, auch wenn bislang weitere abgeleitete Texte nicht bekannt wurden. Viel eher ist anzunehmen, daß sich Arbeiten ähnlicher Art, die den großen deutschen Jagdlehrbüchern des 17. Jahrhunderts vorangingen, im Laufe der Zeit noch auffinden lassen.

In der hier vorgelegten Studie wurde nur versucht, die Entwicklung der „Lehre von den Zeichen des Hirsches" bis zum Ende des 16. Jahrhunderts zu verfolgen. Dabei ergab sich, daß während des 16. Jahrhunderts offenbar unabhängig vom klassischen Text eine zweite „jüngere Zeichenlehre" entstand, die gleichfalls in erster Linie Ausdruck des Zunftwesens gewesen sein muß und in einigen Derivattexten mit der ursprünglichen Fassung verschmolz. Außerhalb unserer Betrachtung blieb die Entwicklung der Zeichenlehre im deutschen Jagdschrifttum des späten 17. und 18. Jahrhunderts. Ihrer systematischen Darstellung steht, nachdem nunmehr die Quellen freigelegt sind, kein Hindernis mehr entgegen. Die Durchführung dieser Untersuchung würde die Phantasie des barocken Denkens bestätigen, den starken Einfluß der mündlichen Tradition im deutschen Berufsjägertum erkennen lassen, zugleich aber auch ein erschreckendes Bild von der Neigung zu kritiklosem Fortschreiben des Überlieferten bei den meisten Autoren ergeben.

Die Entdeckung der „Lehre von den Zeichen des Hirsches" erfolgte vor rund hundert Jahren, also in einer Zeit des freudigen

Erschließens der deutschen mittelalterlichen Literatur. Th. G. von Karajan[3]) veröffentlichte als erster die Wiener Handschrift[4]) im Anhang an das von ihm herausgegebene Geheime Jagdbuch Kaiser Maximilians I. Eine zweite unveränderte Auflage erschien im Jahre 1876. Die Karajansche Edition ist auch heute noch brauchbar. Insofern wies der Herausgeber allerdings spätere Forscher in eine falsche Richtung, als er ohne Beweis den von ihm vorgelegten Text ins 14. Jahrhundert verlegte und diesen für das Bruchstück einer größeren Abhandlung erklärte. Leider gab er dem Originaltext eine ganz und gar unbrauchbare Übertragung ins Neuhochdeutsche bei, die nur durch das Fehlen jeglicher jagdlicher Kenntnisse erklärt werden kann. Von Haugwitz[5]) bemühte sich um eine Berichtigung, aber sein wohlgemeintes Unterfangen scheiterte nun umgekehrt am Fehlen des für die sprachliche Beurteilung der Quelle notwendigen Wissens, wenngleich zugegeben werden muß, daß jeder Versuch einer neuhochdeutschen Übersetzung so lange kaum von Erfolg gekrönt sein konnte, als allein die sehr verderbte Wiener Fassung als Vorlage zur Verfügung stand und die Erkenntnisse einer systematischen Textvergleichung fehlten.

Erneut wurde die Zeichenlehre in das Blickfeld wissenschaftlicher Betrachtungen gerückt, als 1876 Rudolf Freiherr von Wagner die älteste der uns bekannten Bearbeitungen des klassischen

---

[3]) Kaiser Maximilian's I. geheimes Jagdbuch und Von den Zeichen des Hirsches, eine Abhandlung des vierzehnten Jahrhunderts. Beides zum ersten Mahle herausgegeben von Th. G. von Karajan, Wien 1858, S. 53—85, dazu XIII—XV.

[4]) Österreichische Nationalbibliothek, Wien, Sammelkodex 2952, fol. 98r bis 105v.

[5]) Von Haugwitz, Bemerkungen zu dem von Dr. von Karajan herausgegebenen Jagdbuch Kaiser Maximilians I. und zu der Abhandlung von den Zeichen des Hirsches, Jagd-Zeitung, 6. Jahrg. 1863, herausg. von Albert Hugo, Wien, S. 261ff., bes. S. 263—268.

Textes, die Handschrift des Freiherrn Kuno zu Winenburg und Beilstein, unter dem Titel „Ein alt Waidbüchlein" als Anhang seiner ganz vorzüglichen Studie über die Jagdgeschichte Württembergs[6]) beigab. Als Rudolf von Wagner seine Arbeit veröffentlichte, kannte er weder von Karajans Ausgabe des klassischen Textes noch die übrigen Parallelhandschriften. Lediglich die 1576 erschienene Ausgabe von Noe Meurer's rechtswissenschaftlicher Abhandlung „Von Forstlicher Oberherrligkeit vnnd Gerechtigkeit" stand ihm zum Vergleich zur Verfügung und ließ ihn Beziehungen zu einer zweiten Textgruppe erkennen. Unmittelbar nach Abschluß der auf den württembergischen Raum beschränkten jagdhistorischen Studien muß er sich jedoch mit seiner ganzen Arbeitskraft der „Lehre von den Zeichen des Hirsches " zugewandt haben. Er stieß auf die Karajansche Veröffentlichung und trug nun mit dem denkbar größten Fleiß und bewundernswerter Sorgsamkeit alle Handschriften und frühen Drucke zusammen, die er ausfindig machen konnte. Er ließ sich alle erreichbaren Texte schicken, schrieb sie sorgsam, oft mehrfach ab und versuchte, ihren Inhalt in vergleichenden Tabellen zu erfassen. Trotz persönlicher Bemühungen des württembergischen Gesandten in Wien verweigerte ihm jedoch die Verwaltung der k. k. Hofbibliothek die Zusendung der von Karajan edierten Handschrift 2952, so daß von Wagner bei seinen Untersuchungen von dem unzutreffenden Alter dieser Handschrift ausging, sie, von Karajan folgend, ins 14. Jahrhundert verlegte und deshalb zu irrigen Schlußfolgerungen kommen mußte. Sein handschriftlicher Nachlaß[7])

---

[6]) (Rudolf) Frhr. von Wagner, Das Jagdwesen in Württemberg unter den Herzogen, ein Beitrag zur deutschen Kultur- und Rechtsgeschichte, Tübingen 1876, S. 545—562.

[7]) Aufbewahrt in der Württembergischen Landesbibliothek, Stuttgart, unter der Signatur cod. hist. fol. 760, 2. Ich bin Herrn Dr. Hellmut Kämpf für das Entgegenkommen bei der Einsichtnahme und Auswertung zu großem Dank verpflichtet.

enthält den Anfang einer größeren, offensichtlich zum Druck vorbereiteten Arbeit, der, soweit dies aus dem von Wagner dieserhalb geführten lebhaften Schriftwechsel vornehmlich mit Tübinger und Münchener Fachgelehrten zu schließen ist, im Sommer 1876 entstanden sein dürfte. Zu dieser Zeit zeigten sich aber bei von Wagner[8]) die ersten Anzeichen eines schweren Leidens. Es heißt, daß er schon sein Werk über das Jagdwesen in Württemberg unter den Herzogen nur mit Mühe vollendet habe. Wie ein lebendig Begrabener war dieser bedeutende Mann weit mehr als ein Jahrzehnt ans Krankenlager gefesselt. Nur in einer Fußnote in einem 1884 von ihm erschienenen, gewiß durch freundschaftliche Hilfeleistung ermöglichten Aufsatz[9]) konnte er auf die von ihm begonnenen Studien hinweisen. Wäre es diesem klaren und gründlichen Forscher vergönnt gewesen, die begonnenen Arbeiten über die „Lehre von den Zeichen des Hirsches“ zu vollenden, hätte die deutsche jagdgeschichtliche Forschung wahrscheinlich schon vor acht Jahrzehnten eine kaum ergänzungsbedürftige Abhandlung über eines ihrer wichtigsten literarischen Quellenwerke geschenkt bekommen.

---

[8]) Rudolf Freiherr von Wagner-Frommenhausen, geboren am 19. Dezember 1822 in Frommenhausen bei Rottenburg in Niederösterreich, wurde 1867 württembergischer Kriegsminister. Als solcher reformierte er in wenigen Jahren das nicht sehr schlagkräftige, an österreichischen Vorbildern orientierte württembergische Militär, setzte unter starken Anfeindungen 1868 ein neues fortschrittliches Kriegsdienstgesetz durch, mußte jedoch 1870 kurz vor Ausbruch des deutsch-französischen Krieges unter dem Druck seiner Gegner zurücktreten. Der Verlauf des Feldzuges war eine eindeutige Rechtfertigung seiner Maßnahmen. Dank und Anerkennung kamen in seiner Wahl in den ersten Deutschen Reichstag zum Ausdruck. Leider fand seine weitere öffentliche Betätigung durch seine Erkrankung sehr bald ein Ende. Er starb am 10. Fabruar 1891 und wurde wenige Tage später auf dem österreichischen Familiengut Frommenhausen beigesetzt. ADB. Bd. 54, 1907, S. 782/783.

[9]) Rudolf von Wagner, Über die Jagd des großen Wildes im Mittelalter, Germania 1884.

Im Jahre 1886 erschien eine Studie von Ernst von Dombrowski[10]), die wie alles, was dieser schreibfreudige Autor zur Geschichte der Jagd lieferte, bunt und ideenreich wirkt, aber nicht mit letzter Sorgfalt gestaltet ist. Trotz des von ihm zusammengetragenen vielschichtigen Materials und mancher wertvoller Bemerkung vermochte Dombrowski die entscheidenden Zusammenhänge nicht zu erkennen.

Durchaus anders nahm sich Robert Thiele des gleichen Themas an. In zwei sehr temperamentvollen Arbeiten[11]), die er im Abstand von einem Vierteljahrhundert erscheinen ließ, suchte er — oftmals die Grenzen einer wissenschaftlichen Betrachtung mißachtend — den Nachweis der Haltlosigkeit der mittelalterlichen „Lehre von den Zeichen des Hirsches" zu erbringen. Obgleich viele seiner Feststellungen durchaus zutreffend sind, blieb ihm doch jedes Verständnis für den Geist der Zeit, aus dem heraus unser Text allein zu beurteilen ist, völlig versagt. Thiele wog, ohne sich auch nur im mindesten um eine Textkritik zu bemühen, die ihm erreichbaren unzulänglichen Quellen mit dem Maß eines aufklärerischen Rationalismus und wurde deshalb seiner Vorlage am wenigsten gerecht.

Immerhin geben seine Arbeiten Anlaß, die Behandlung unseres Themas eindeutig abzustecken: Es galt hier, eines der ältesten didaktischen Werke jagdlichen Inhalts in deutscher Sprache freizulegen und der Forschung einen kritischen Text zur Verfügung zu stellen. Dagegen wurde nicht angestrebt, seinen Inhalt unter dem Blickpunkt der jagdbiologischen Erkenntnisse unserer Zeit

---

[10]) Ernst Ritter von Dombrowski, Die Lehre von den Zeichen des Rothirsches in ihrer stufenweisen Entwicklung bis zum Ausgange des 16. Jahrhunderts. Blasewitz-Dresden 1886 (Separatdruck aus „Weidmann", 17. Band, Nr. 17, 18, 20, 21 und 23).

[11]) (Robert) Thiele, Von den Fährtenzeichen, an denen Hirsch und Thier zu unterscheiden sein sollen, Berlin-Schöneberg (1906). Robert Thiele, Die Zeichen der Hirschfährte, die wenigen wahren und die vielen falschen, nach Literatur und Praxis dargestellt, Merseburg 1931.

zu beurteilen. Hier bleibt den naturwissenschaftlich orientierten Jagdwissenschaftlern noch ein weites Betätigungsfeld. Die Fährtenlehre war von jeher ein Streitobjekt der Praktiker. Sich ihrer mit dem ganzen Apparat moderner Technik anzunehmen, wäre ein verdienstvolles Unterfangen.

III.

Wir kennen von der klassischen Fassung der „Lehre von den Zeichen des Hirsches" sieben Handschriften und drei für einen Textvergleich wesentliche frühe Drucke.

Handschriften:

A München, Bayerische Staatsbibliothek, Cod. Mon. Germ.558 fol. 136r—141r; jüngere Abschrift eines um 1409/1415 entstandenen Textes.

B München, Bayerische Staatsbibliothek, Cod. Mon. Lat. 4373 fol. 116r—119v, um 1437.

C München, Bayerische Staatsbibliothek, Cod. Mon. Germ. 289 fol. 103v—107v, ao. 1442.

D Wien, Österreichische Nationalbibliothek, Sammelkodex 2952, fol. 98r—105v, um 1470.

E München, Universitätsbibliothek, Ms. 354.8^0, fol. 43r—54v, 15. Jahrhundert.

F München, Bayerische Staatbibliothek, Cod. Mon. Germ. 3726, Seite 1—7e, um 1549.

G Wolfenbüttel, Herzog August Bibliothek, Hs. 67. 3. Aug. 8^0, fol. 24r—35r, Ende des 16. Jahrhunderts.

Drucke:

H MEysterliche stuck von Bayssen vnd Jagen, Teil 2 „Hernach volgen Maysterliche Stuck von Jagen vnd Spüren", fol. F II v—(G II r), Augsburg 1531 (Heinrich Stayner).

J Noe Meurer, Von Forstlicher Oberherrligkeit vnnd Gerechtigkeit / Was die Recht / der Gebrauch / die Billigkeit deßhalben vermög. fol. 93r—97r, Pforzheim 1560 (Georg Rabe).

K Jägerkunst vnd Waidgeschrey / Das ist: Wie man die Hirschen bey dem Gespor / in vnd ausserhalb der Wälden / vff mancherley weiß erkennen vnd erlernen mag. Nürnberg Bey Georg Leopold Fuhrmann 1610, fol. A II r—(A V v).

Hierbei sind die vier abweichenden Bearbeitungen der „Lehre von den Zeichen des Hirsches" (S, T, U und V) unberücksichtigt geblieben, da über sie später gesondert zu sprechen sein wird.

Ehe wir uns anschicken, den Wert der einzelnen Handschriften und frühen Drucke zu bestimmen und ihr gegenseitiges Verwandtschaftsverhältnis zu klären, dient es dem besseren Verständnis, wenn wir schon hier vorwegschicken, daß uns nur ein einziger einwandfreier, der Urfassung zweifelsohne sehr nahestehender Text durch die Handschrift A überliefert ist. Er allein war geeignet, einer kritischen Ausgabe zugrunde gelegt zu werden. Alle übrigen Texte sind so verderbt, ja oftmals bis zur völligen Sinnentstellung verstümmelt, daß es fast fraglich erscheinen mußte, ob eine Erfassung all ihrer fehlerhaften Abweichungen in Fußnoten überhaupt zu rechtfertigen war. Für die Besserung des in A erhaltenen Textes ergaben alle übrigen Varianten so gut wie nichts. Wenn trotzdem auf den Nachweis des Ergebnisses der durchgeführten Textvergleichung im einzelnen hier nicht verzichtet wurde, so geschah dies auschließlich in der Absicht, jeglichen Quellenwert der Paralleltexte B bis K für die zukünftige Forschung auszuschließen. Jeder ernsthafte Versuch ihrer Sinndeutung ist zum Scheitern verurteilt. Sie überliefern uns die ursprüngliche klare Fassung in vieler Hinsicht so verstümmelt, so lückenhaft, so mißverstanden und mißhandelt, daß häufig der Gedanke, der zum Ausdruck kommen sollte, überhaupt nicht mehr erkennbar ist.

Freilich zwingt die überraschende Variationsbreite der auf uns überkommenen Texte auch zu einer anderen Überlegung. Sie kann ebensogut als ein Ausdruck des der Abhandlung entgegengebrachten ungewöhnlichen Interesses aufgefaßt werden. Denn es handelt sich bei den beanstandeten Textverschlechterungen nur zum kleinen Teil um Fehler flüchtig arbeitender Abschreiber, vielmehr in allererster Linie um Sinnverschiebungen im Zuge von Überarbeitungen. Wir kennen kaum einen mittelalterlichen Text, der ganz abweichungslos auf uns überkommen ist, wenn seine Überlieferung durch eine größere Gruppe von Handschriften erfolgte. Wir dürfen es aber als üblich ansehen, daß sich solche Texte mehr durch Abweichungen in der Schreibweise oder Umstellungen in der Reihenfolge der Kapitel als durch Neuformung des Textes und durch Eingriffe in diesen unterscheiden. Gerade dies ist jedoch bei der „Lehre von den Zeichen des Hirsches" der Fall. Das bedeutet, daß sich während der Dauer von Generationen immer wieder Fachleute mit unserem Traktat beschäftigten und sich sehr wohl bereit fanden, durch die persönliche Note, die sie mit der Überarbeitung der Fassung gaben, ihr Interesse am Inhalt dieses Traktats zu bekunden. Zwar wurde der ursprüngliche Text durch diese Korrekturen nur nachteilig beeinflußt, aber das positive Element dieser ernsthaften, wenn auch leider nur unzulänglichen Beschäftigung mit ihm kann wohl nicht übersehen werden. Es darf als das Schicksal der „Lehre von den Zeichen des Hirsches" bezeichnet werden, daß sie im Hinblick auf die diesem Stoff geschenkte Aufmerksamkeit immer neue Bearbeiter fand, daß deren Einfluß sich aber nirgends zum Vorteil des kleinen Traktats auswirkte. Dies gilt nicht allein für die hier zunächst zur Untersuchung stehenden zehn klassischen Texte, sondern ebenso für jene vier Versionen, die anschließend behandelt werden.

Von der als A bezeichneten Münchener Handschrift Cod. Mon. Germ. 558 wurde schon in der „Deutschen Habichtslehre"[12]) aus-

---

[12]) Kurt Lindner, Die deutsche Habichtslehre, Das Beizbüchlein und seine Quellen (Quellen und Studien zur Geschichte der Jagd, Bd. II), Berlin 1955, S. 38/39.

führlich gesprochen. All das, was dort für den in ihr enthaltenen Text des Beizbüchleins gesagt wurde, gilt verstärkt für unseren Traktat. A ist die bei weitem wertvollste der uns erhaltenen Fassungen. Über ihr Alter und ihre Herkunft wird später ausführlich zu sprechen sein. Nur sie konnte einer kritischen Textausgabe zugrunde gelegt werden.

Der in A erhaltene Text zerfällt in 27 Kapitel, für die die Tatsache, daß jedes derselben eine eigene Überschrift trägt, kennzeichnend ist. Diese Überschriften haben in nicht geringem Maße als Kriterium für die jüngeren Textbearbeitungen zu gelten, da sie in gleicher Breite und Vollständigkeit nirgends wieder erscheinen. Da sie aber in den Parallelhandschriften entweder fehlen oder durch abgewandelte Formulierungen ersetzt sind, erhebt sich die Frage, ob der Urtext, den wir für A als Vorlage vermuten, die Überschriften schon enthielt. Es wäre natürlich denkbar, daß im Original auf Überschriften verzichtet war, so daß diese auch in den anderen daran anschließenden, wenn auch mehr oder minder überarbeiteten Texten nicht erwartet werden können und daß die Zutat desjenigen Abschreibers, dem wir A verdanken, in der Schaffung von Überschriften bestand. Aber dies zu bejahen, wäre zweifellos gewagt. Den sichersten Gegenbeweis liefert uns K, ein Nürnberger Druck aus dem Jahre 1610, über den hinsichtlich der „Lehre von den Zeichen des Hirsches" sonst nur wenig Rühmliches zu sagen ist. Aber in jenem Kreis der Texte, zu dem K gehört, treten Kapitelüberschriften wieder auf, deren textliche Fassungen für einen unmittelbaren Zusammenhang mit dem Original sprechen. Der in A auf uns überkommene Text darf wohl als ein durchaus zuverlässiges, unverzerrtes Spiegelbild des Originals angesehen werden.

In einigen wenigen Punkten scheint allerdings auch A korrekturbedürftig zu sein. In allen Paralleltexten finden wir die Kapitel 24—27 vor die Kapitel 23 und, soweit vorhanden, 24 gestellt. Diese Umgruppierung ist sachlich durchaus gerechtfertigt und entsprach gewiß auch dem Original. Das Kapitel 22 in A trägt ganz und gar den Charakter eines Schlußwortes und gehört sinngemäß ans Ende. Es ist deshalb nur verständlich, daß D, E und H — die drei Texte jener Gruppe, die keine der Urfassung fremde Anhängsel am Schluß aufzuweisen haben — mit ihm aufhören. In diesen drei Versionen fehlt aber das Kapitel 23 ganz, dessen Anordnung nach 22 in A recht ungeschickt wirkt, so daß wir daraus schließen dürfen, daß es sich nur um die Zutat eines der ersten Abschreiber handelt, von dessen Text sowohl A als auch sämtliche übrigen Fassungen mit Ausnahme von D, E und H abhängig sind. Jedenfalls dürfen wir wohl als sicher annehmen, daß im Original die Kapitelfolge 21, 24—27, 22 lautete und ihm das Kapitel 23 fehlte.

Ferner darf vermutet werden, daß das Kapitel 24 in A nur verderbt überliefert ist. Es begegnet uns in sämtlichen übrigen Texten viel ausführlicher. Im Stil paßt diese erweiterte Fassung jedoch sehr wohl zu A. Allem Anschein nach war die Vorlage, der der Schreiber von A folgte, am Schluß beschädigt. Durch diese Annahme würden sich gleicherweise die Kürzungen in Kapitel 24 als auch die zuvor erwähnten Umstellungen in der Reihenfolge der letzten Titel erklären lassen.

Endlich bleibt uns im Rahmen dieses Versuches, aus A den Urtext möglichst zuverlässig zu rekonstruieren, noch die Frage zu beantworten, ob das Original schon einen Titel trug, da A uns einen solchen nicht überliefert. Wir dürfen sie wohl unbedenklich verneinen. Zwar tragen alle neun Paralleltexte zu A Titel, aber ihre Überprüfung zeigt doch, daß sie nicht nur nicht einheitlich, sondern darüber hinaus für die einzelnen Stämme gruppentypisch sind, also erst im Zuge der Überarbeitungen entstanden sind. Da aber keiner dieser Titel Anspruch auf Allgemeingültigkeit erheben kann, wurde an der durch die Überlieferung am wenigsten gerechtfertigten, aber von allen Fassungen unabhängigen „Lehre von den Zeichen des Hirsches" festgehalten. Diese

Kennzeichnung unseres Traktats hat sich — obgleich sie seinem Inhalt keineswegs vollauf gerecht wird — durch die wissenschaftlichen Arbeiten während der letzten hundert Jahre so hinlänglich eingebürgert, daß ihr eine allgemeine Anerkennung schlechterdings nicht versagt werden kann.

Innerhalb der neun neben A stehenden Vergleichstexte lassen sich drei Gruppen BCF, GJK und DEH unterscheiden. Diese sind weiter in eine „pfedlin-Gruppe", zu der außer A auch DEH und GJK gehören, und in eine „bechlin-Gruppe", der BCF zuzuzählen sind, zu teilen. Die Teile der ersten dieser beiden Gruppen folgen der zweifellos dem Urtext entsprechenden Version von A (137r²) „Och ga*n*t d*er* hi*r*cz gern jn den kleine*n* pfedlin", während sich die Handschriften der zweiten Gruppe an die entsprechende Fassung in C (104r) „Auch gēt er gern jn den claynen bächlen" anschließen.

Für die Rekonstruktion des Urtextes besonders aufschlußreich ist die Handschriftengruppe BCF.

Der Cod. Mon. Lat. 4373 enthält drei verschiedene Traktate, von denen die ersten beiden von der gleichen Hand geschrieben sind. Am Schluß des zweiten Traktats findet sich der für die Beurteilung des Alters der Handschrift bedeutsame Vermerk „. . . completus sub anno . . . MCCC 37⁰ . . .". Der dritte Text ist die hier als B bezeichnete Fassung der „Lehre von den Zeichen des Hirsches". Obgleich er von anderer Hand stammt, darf angenommen werden, daß er ungefähr zu gleicher Zeit wie die ersten beiden geschrieben wurde.

Der ebenfalls der Bayerischen Staatsbibliothek gehörige Cod. Mon. Germ. 289, der zugleich eine der beiden uns erhaltenen Abschriften der „Älteren deutschen Habichtslehre"[13]) enthält, ist ungefähr gleichaltrig und stammt aus dem Jahre 1442. Die in ihm enthaltene Fassung wurde als C bezeichnet.

---

[13]) Kurt Lindner, Die deutsche Habichtslehre, a. a. O., S. 11ff.

Die dritte Münchener Handschrift, in der wir den mit F benannten Text der „Lehre von den Zeichen des Hirsches" finden, ist sehr viel jünger. Sie gehört ins Jahr 1549. Abgesehen davon, daß sie am Anfang eine Abschrift unseres Traktats enthält, ist sie ohne jagdlichen Wert. In ihr sind allerlei hauswirtschaftliche Bemerkungen zusammengestellt, in die einige recht inhaltlose Anweisungen über den Vogelfang in Rezeptform eingestreut sind. Die an die Spitze gestellte „Lehre von den Zeichen des Hirsches" wird mit folgenden nur schwer leserlichen Worten eingeleitet:

„Volgt wie ma*n* ain hirsch*en* soll such*en*,
auß aine*m* alt*en* biechlin abgeschrieb*en*,
waiß nit, wa h*er* es ku*m*pt."

Kennzeichnend für die Handschriftengruppe BCF ist das Entfallen der sämtlichen in A überlieferten, für die Gliederung recht förderlichen Kapitelüberschriften und die häufige Bildung neuer lehrhafter Initialsätze, die mit „Merck . . . " beginnen. Im Zuge der in unserer nachfolgenden Entwicklungsübersicht als y^1 benannten Überarbeitung erhielt das kleine Werk einen Titel, dessen wesentlicher Inhalt am ehesten durch die Worte „Lehre vom Spüren und Suchen"[14]) wiedergegeben wird. B, C und F folgen der gleichen Vorlage, doch steht C dieser am nächsten, wie überhaupt C innerhalb dieser Gruppe als der beste Text anzusehen ist. Die im Cod. Mon. Germ. 289 erhaltene Fassung wäre einer textkritischen Untersuchung zugrunde zu legen, wenn wir A nicht besäßen. Mitunter möchte man meinen, daß C nach Diktat entstand, da eine Anzahl Abweichungen als Hörfehler aufgefaßt werden können[15]), doch sind diese nicht zahlreich genug, um

---

[14]) B Das hernach geschribn stat ler spürn vnd sůchen wild.
C Hie vahet sich an von der spüre vnd suchen gewild.
F Das biechlin lernet spüren vnnd sůchen.

[15]) z. B. A $136v^{12}$ wissist, in C vindest.

einen sicheren Schluß zuzulassen. Der Abschreiber, dem wir B verdanken, kann keine jagdlichen Kenntnisse gehabt haben, sonst wäre mancher Fehler unterblieben. Schon das Ausmaß der Auslassungen in B macht C zum wertvolleren Text. E stellt die schlechteste Handschrift dieser Gruppe dar. Sie steht C näher als B, ist aber für die Textkritik so gut wie unbrauchbar, da durch das Ausmaß der Abweichungen und Auslassungen der ursprüngliche Sinn der Worte häufig ganz verloren ging. Es handelt sich um ein schwer leserliches Manuskript des 16. Jahrhunderts, bei dem wir offen lassen müssen, ob seine Fehlerhaftigkeit auf die Flüchtigkeit des Abschreibers oder auf die Verderbtheit der benutzten Vorlage zurückzuführen ist. Mir scheint die letztere An nahme die wahrscheinlichere zu sein, da der Schreiber schon beim Kopieren gewußt haben muß, daß nicht alles Sinn hatte, was er wiedergab. Sämtliche Handschriften der „bächlen-Gruppe" sind gegenüber dem A-verwandten Text x' durch eine offensichtlich in zwei Stufen[16]) erfolgte Erweiterung des Textes um die drei Kapitel 28—30 gekennzeichnet. Darüber enthält E noch zwei Zusätze, die als Kapitel 31 und 32 aufgefaßt wurden.

Die Gruppe GJK schließt sich enger an die Gruppe BCF als an die durch DEH überlieferte Fassung an.

Alle drei Texte stammen aus dem 16. bzw. frühen 17. Jahrhundert, sind also verhältnismäßig jungen Datums. G ist eine wohl erst Ende des 16. Jahrhunderts entstandene Papierhandschrift aus dem Besitz der Herzog-August-Bibliothek in Wolfenbüttel mit 35 beschriebenen Blättern „Ordenliche Beschreibung vnnd Bericht / von allem hohen vnd Nidern Waydwerckh / was zu der Jedem gehört / wie man sölches versteen / vnd sonderlich

---

[16]) Die zwei Stufen ergeben sich daraus, daß das Kapitel 28 auch in GJK wiederkehrt, während die Kapitel 29 und 30 dort fehlen und nur BCF eigen sind. Kennzeichnend für die Sonderstellung des Kapitels 29 ist, daß nur hier das sonst als „Hinde" bezeichnete weibliche Stück Rotwild „ding" (C 107 r[12]) genannt wird.

Höflich / zierlich / vnnd Waidmenisch daruon Reden vnd schreiben solle /." Sie stimmt wörtlich mit dem Schluß des dritten Teils in Noe Meurers grundlegender jagdrechtlicher Abhandlung „Von Forstlicher Oberherrligkeit vnnd Gerechtigkeit", die mehrfach aufgelegt wurde und zuerst 1560 in Pforzheim erschien, überein. Es bedarf hier der eindeutigen Feststellung, daß dieser recht beziehungslos an den letzten Teil „Von Wassern / Fischen / vnnd Fischentzen" angehängte Jagdtraktat, der vor allem wegen seines Wertes für die Geschichte der jagdlichen Standessprache geschätzt ist, nicht als das Werk des verdienten Juristen aufgefaßt werden darf, sondern als selbständige Abhandlung im Umlauf war und hier von ihm um der Vervollständigung des zuvor Gesagten willen angehängt wurde. Dies läßt sich auch aus den bislang kaum beachteten einleitenden Worten Meurers entnehmen. Er sagt dort[17]), schon um sich nicht über mehr zu äußern, als dies nach Verstand und Erfahrung geschehen könne, sei es niemals sein Wille gewesen, mit jemandem wie ein Weidmann zu reden oder ihn zu unterweisen. Nur in der Absicht, den vorgelegten Traktat vollkommener zu machen, habe er kurz einige Worte „vermelden vnd setzen" wollen, die man beim Weidwerk zu gebrauchen pflege. Dieser Anhang[18]) aber ist nichts anderes als jene kleine, in sich abgeschlossene Abhandlung, die in der ersten Hälfte des 16. Jahrhunderts unter Heranziehung verschiedener älterer Quellen, darunter auch einer Handschrift über die „Lehre von den Zeichen des Hirsches" entstand. Sie ist in diesem Zusammenhang nur insoweit zu untersuchen, als der uns hier interessierende Traktat in sie einfloß.

Es wäre zu verantworten gewesen, auf die gesonderte Nennung der im Wortlaut übereinstimmenden Texte G und J zu verzichten und sich mit der Überprüfung eines davon zu begnügen. Wenn

---

[17]) Noe Meurer, Ausg. Pforzheim 1560 fol. 84v.

[18]) Ebenda fol. 84v—97r.

trotzdem beide nebeneinander Erwähnung fanden, so geschah dies vor allem deshalb, weil die Handschrift G wahrscheinlich später als der Druck J entstand, aber im Hinblick auf die beträchtlichen orthographischen Unterschiede nicht als jüngere Abschrift von diesem aufgefaßt werden kann. Andererseits war es nicht vertretbar, den zweiten Druck der „Lehre von den Zeichen des Hirsches" unbeachtet zu lassen, da er keine Verwandtschaft mit dem rund drei Jahrzehnte älteren Druck H aufweist, also unzweifelhaft von diesem nicht beeinflußt wurde, außerdem aber die entscheidende Vorlage für das Fortwirken unseres Traktats bis ins 18. Jahrhundert bildete[19]). Genealogisch gehen G und J auf ein und dieselbe Quelle zurück, deren Verwandtschaft zur y'-Gruppe durch die gemeinsame Kenntnis des Zusatzkapitels 28 gekennzeichnet ist. Dagegen fehlen G und J das inhaltsarme Kapitel 29 und das wesensfremde Kapitel 30, das übrigens in B wegen seines als anstößig empfundenen Charakters durch Schwärzung wieder getilgt wurde. Hinzugekommen sind dagegen die Kapitel 33 bis 48, die wir bei allen anderen Texten vermissen.

Die in GJ überlieferte Fassung ist stark gekürzt. Dieser Versuch, den Inhalt der Vorlage zusammenzufassen, führte leider zu recht argen Verstümmelungen oder zu unerfreulichen Textverlusten. So wurde z. B. das Kapitel 19 auf ein Mindestmaß zusammengedrängt und das verwandte Kapitel 20 ganz gestrichen. Den gleichen Textverlust stellen wir jedoch auch in dem G und J eng verwandten, aber nicht unmittelbar aus der gleichen Quelle schöpfenden Druck K fest.

Es wäre nicht zu verwundern gewesen, wenn dieses kleine Buch mit dem Titel „Jägerkunst vnd Waidgeschrey" unserer Aufmerksamkeit entgangen wäre, da Exemplare der ersten Auflage vom

---

[19]) Der Druck J schließt sich an die gemeinsame Vorlage noch etwas enger an als die sonst völlig gleiche Handschrift G; so haben wir z. B. A 137 r[20] in J noch richtig lůgen, in G dagegen fälschlich suechen.

Jahre 1610 selten sind, die zweite sehr erweiterte Auflage vom Jahre 1616 aber einen wortgetreuen Abdruck der Zeichenlehre in Noe Meurers Fassung (J) bringt. Dem Inhalt der zweiten Auflage entsprechend wäre die Arbeit bestenfalls im Rahmen der Betrachtungen über das Fortleben unseres Traktats im Schriftum des 17. Jahrhunderts zu erwähnen gewesen. Tatsächlich aber zeigt sich, daß der ersten Auflage ein echter Quellenwert zukommt.

In den Besitz des Nürnberger Verlegers Georg Leopold Fuhrmann muß im ersten Jahrzeht des 17. Jahrhunderts eine Handschrift gelangt sein, die offensichtlich nicht mehr enthielt als eine unvollständige und nicht eben sorgfältige Abschrift der „Lehre von den Zeichen des Hirsches" sowie eine Anzahl jener Weidsprüche, wie sie neben unserem Traktat und der „Habichtslehre" zu den ältesten Manifestationen eines bodenständigen deutschen Jagdschrifttums zu zählen sind. Wahrscheinlich ließ der geschäftstüchtige Kaufmann den Text genauso drucken, wie er ihn vorfand, möglicherweise änderte er auch einige altertümliche und schon zu seiner Zeit nicht mehr recht verständliche Worte und trug damit selbst zu jener Verderbung des Textes bei, die für seine von uns als K bezeichnete Ausgabe charakteristisch ist. Aus dem Vorwort zur zweiten Auflage wissen wir jedenfalls, daß das „Tractetlein" erstmalig zur Fastenmesse 1610 im Buchhandel erschienen war, „zimlicher massen seinen verschließ gehabt" hatte, so daß „dieser zeit (ao. 1616) kein einig Exemplar mehr zu bekommen gewesen" und Fuhrmann, veranlaßt durch „ein sehr grosse nachfrag", sich zu einer Neubearbeitung und Wiederauflage entschloß. Da der Verleger sich hierbei aber ganz vom ersten Druck entfernte und seinem Werkchen 1616 ein durchaus neues Gesicht gab, dürfen wir diesen zweiten Druck hier unberücksichtigt lassen.

K ist die zweifellos schlechteste und verderbteste unter allen auf uns überkommenen Fassungen der „Lehre von den Zeichen des Hirsches". Der Text ist oftmals so weitgehend abgewandelt, daß der ursprüngliche Sinn ganz und gar verloren gegangen ist und sinnwidrigste Sätze gedankenlos abgedruckt wurden. Häufig scheint nur noch lautlicher Gleichklang oder eine Ähnlichkeit des Schriftbildes von Worten unterschiedlichsten Sinngehaltes geblieben zu sein[20]). Die Abweichungen von den als A bis J bezeichneten Versionen ist so erheblich, daß eine vollständige Erfassung die Fußnoten zu A bis zur Unübersichtlichkeit überlastet hätte. Es wurden deshalb nur jene Varianten von K berücksichtigt, die für die Textgeschichte wertvoll waren oder zum Nachweis der engen Verwandtschaft mit G und J dienen konnten.

Und doch ist K auch für unsere Betrachtungen nicht ganz ohne Bedeutung. Handelt es sich bei dem Fuhrmannschen Druck um den nach A an Kapitelüberschriften reichsten Text. Die in „Jägerkunst vnd Waidgeschrey" überlieferte Fassung der Zeichenlehre läßt klar erkennen, daß sich die alten Kapitelüberschriften des Originals in jenem Handschriftenstamm, der durch GJ und K gebildet wird, fortgeerbt hatten, freilich den gleichen Umgestaltungen unterworfen waren wie der Text selbst. In K sind sie uns am vollständigsten erhalten, besser jedenfalls als in G und J, wo wir sie nur noch bei einigen wenigen vornehmlich am Anfang stehenden Kapiteln finden. Die Unterschiede im Text zwischen K einerseits, G und J andererseits sind am Anfang fühlbarer als in der zweiten Hälfte, soweit diese vergleichbar ist. Dieser Einschränkung bedarf es insofern, als K nur ein Fragment darstellt. Daß die zweite Hälfte des Kapitels 19 und das Kapitel 20 fehlen,

[20]) z. B.

in K:		in A:
Betthlein	—	pfedlin
statt	—	studen
bestehen	—	bestätnat
wider Last	—	widerlicz
gefärbet	—	gefurbet
verlore	—	erilen
bereittet	—	rüret
gemeyniglich	—	grummen

wird schon durch die Vorlage erklärt, der der Abschreiber von K folgte. Das Entfallen der Kapitel 22, 23 und 26 dagegen muß als echter Substanzverlust dieses Textes aufgefaßt werden. Neu ist dagegen ein kleines, als Kapitel 15a bezeichnetes Kapitel, das inhaltlich eine gewisse Ähnlichkeit mit dem Kapitel 47 der Gruppe GJ aufweist. Den Schluß von K bilden ein Absatz „Der Abtritt", der mit dem Kapitel 43 in GJ wortgleich ist, und eine sonst nirgends wiederkehrende, sprachlich leider verderbte kleine Anweisung für die Leithundarbeit[21]), die mit unserem Traktat nicht mehr in unmittelbarem Zusammenhang steht.

Den Texten GJK wurde auf Grund der Überlieferung[22]) wohl am besten als Haupttitel die Überschrift „Wie ein Hirsch zu suchen und gegenüber der Hinde zu erkennen ist" passen.

Wenden wir uns nun der dritten, durch DEH repräsentierten Textgruppe zu. Ihr hoher Quellenwert wird schon dadurch bestimmt, daß die hierunter begriffenen Fassungen auf eine Bearbeitung zurückgehen dürften, die unmittelbar nach dem Original erfolgt zu sein scheint. Diese Vorlage kannte das in DEH fehlende Kapitel 23 noch nicht, erfuhr dagegen durch das allen übrigen Texten fremde Kapitel 17a eine typenbildende Bereicherung. Im Zuge der textlichen Überarbeitung des Originals erfuhren auch die ursprünglichen, in A erhaltenen Überschriften eine Neufassung, bei der einige allerdings verlorengingen. Die Überschriften von DEH stimmen überein, sofern man das offensichtlich durch Unachtsamkeit zu erklärende Fehlen der Titel für die Kapitel 19 und 20 in D unberücksichtigt läßt.

Innerhalb dieser Gruppe liefert E den besten Text, wohl den einzigen, der außer A und gegebenenfalls C eine Herausgabe ver-

---

[21]) Jägerkunst vnd Waidgeschrey, Nürnberg 1610, fol. A Vv—(A VI r).

[22]) G Wie ain Hirsch zu suechen vnd vor der Hündin zu erkennen sey.
J Wie Hirsch zůsůchen / wie auch der Hirsch für der Hinden zůerkennen.
K Wie man die Hirschen bey dem Gespor / in vnd ausserhalb der Wälden / vff mancherley weiß erkennen vnd erlernen mag.

diente. Die Handschrift der Universitätsbibliothek München, die das Signum Ms. 354.8⁰ trägt und unter anderem auch den als E gekennzeichneten Text enthält, ist in ihrem Wert und ihrer Bedeutung für die mittelalterliche deutsche Jagdliteratur kaum zu überschätzen, denn sie umfaßt in einer einmaligen Geschlossenheit all das, was wir an Geistesgut lehrhaften jagdlichen Charakters aus jener Zeit als ursprünglich und wesenhaft deutsch auffassen dürfen. Das ganze Werk führt den in Versform zu lesenden hübschen Titel:

Dicz puechlein
sagt von der weydenheit,
wer dez begert,
Auch von dem vedirspill,
das dar zu gehörtt.

Es beginnt[23]) mit einer Abschrift der „Älteren deutschen Habichtslehre", somit dem zweiten wieder aufgefundenen Text dieses ältesten deutschen Jagdbuches; dieser folgen[24]) altertümliche und offenbar von außerdeutschem Einfluß freie Behandlungsvorschriften für kranke Beizvögel. Hieran schließt sich[25]) die als E bezeichnete Fassung der „Lehre von den Zeichen des Hirsches". Dann fährt die Handschrift mit der Wiedergabe sehr alter Weidsprüche[26]) fort. Den Schluß des jagdlich interessanten Textes dieser Handschrift bilden eine deutschsprachige Abhandlung über den Vogelfang[27]), von der wir bisher keine Parallele kennen,

---

[23]) München, Universitätsbibliothek, Ms. 354. 8⁰, fol. 1 r—30 v; dieser Text war mir bei der Herausgabe der „Deutschen Habichtslehre" noch nicht bekannt; er erfährt in einem der nachfolgenden Bände dieser Studienreihe eine kritische Würdigung.

[24]) Ebenda fol. 31 r—42 r.

[25]) Ebenda fol. 43 r—54 v.

[26]) Ebenda fol. 54 v—56 v.

[27]) Ebenda fol. 57 r—62 r.

sowie Ratschläge für die Hasen-, Wolfs- und Fuchsjagd[28]). Der Schlußteil, der Beschwörungsformeln, Schutzgebete, Kuriervorschriften für Pferde und allerlei Rezepte bringt, ist ohne jagdgeschichtliches Interesse. Die Handschrift ist von verschiedener Hand geschrieben und leider undatiert. Sie entstand mit ihrem älteren Teil, der auch die „Lehre von den Zeichen des Hirsches" einschließt, vermutlich in der ersten Hälfte des 15. Jahrhunderts. Das hier gesammelte Geistesgut darf aber in seiner Gesamtheit als noch ins 14. Jahrhundert gehörig aufgefaßt werden. Beachtlich ist, daß wir in den drei besonders wertvollen Handschriften der „Lehre von den Zeichen des Hirsches" — A, C und E — auch Fassungen der „Deutschen Habichtslehre" fortgeschrieben finden, und zwar in zwei von ihnen — C und E — die einzigen uns erhaltenen Texte der „Älteren deutschen Habichtslehre", in der dritten (A) die älteste Version ihrer jüngeren Bearbeitung, dem Beizbüchlein. Es scheint also frühzeitig der Wunsch lebendig geworden zu sein, das jagdliche Wissen der Zeit zu sammeln. Die drei Eckpfeiler dieses Gebäudes waren „Die Habichstlehre", „Die Zeichenlehre" und die „Weidsprüche". Diese drei wesentlichsten Bestandteile kamen ganz oder teilweise in dieser oder jener Form immer wieder zusammen und bestimmten das Gesicht der deutschen didaktischen Jagdliteratur des späten Mittelalters.

Über einen der Eigentümer des Ms. 354.8⁰ sind wir durch eine Eintragung von jüngerer Hand auf fol. 63 r unterrichtet. Dort heißt es: „Wolf A. Schmidt zue Ebersreit gehört daß Wait Büechell. Wer mirs stült der ist ein dieb vnnd ain Schellm in der heut, dies Büechell ist alt 102 Jar." Leider fehlt eine Angabe, wann dieser Vermerk erfolgte. Im März 1659 befand sich die Handschrift nach einer Notiz auf dem ersten Blatt[29]) in der Bibliothek eines Jesuitenkollegs, wahrscheinlich desjenigen in München.

[28]) Ebenda fol. 64 v—67 r.

[29]) Coll. S. Ignat. Mart. 1659.

Geschrieben aber wurde sie wohl für einen Liebhaber der Jagd, der seinen Namen hinter den fünf Buchstaben K R R O D versteckte. Die Handschrift, die auf fol. 26r als einzige Illustration zur „Älteren deutschen Habichtslehre" eine ungelenke Federzeichnung des zur Beizjagd benutzten Windhundtyps bringt, enthält auf fol. 42v eine künstlerisch wenig wertvolle, schlecht kolorierte Federzeichnung (s. Tafel VI), mit der „Das jed puech", also das Gejaidbuch im Gegensatz zu dem den Anfang bildenden Beizbuch, eingeleitet werden sollte. Die Darstellung zeigt einen einfach gekleideten Jäger, angetan mit Hut, halblangem Rock und Stulpenstiefeln, in der Linken das Jagdhorn, in der Rechten den eigentlich zur Fangjagd gehörigen Knebelspieß haltend und an der Leine einen hellen Leithund führend. Der Jäger befindet sich in einem durch einen geflochtenen Zaun angedeuteten Tiergarten, in dem sich ein ungerader Zwölfer und zwei Stück weibliches Rotwild tummeln. Die fünf bislang nicht zu enträtselnden Buchstaben finden sich in einem schleifenähnlichen Band über dem Kopf des Jägers. Sie können sich natürlich ebensogut auf den Abschreiber, der auch als Schöpfer des Bildes gelten darf, wie auf den Besteller und ersten Besitzer der Handschrift beziehen.

E steht dem Original näher als D und H, obgleich alle drei Texte aus der gleichen Quelle schöpfen und eng untereinander verwandt sind. Das Kapitel 27 wird uns in E nur in einer kürzeren Fassung als in D und H überliefert, dagegen ist im Münchener Text das sonst nirgends wiederkehrende Kapitel 27a neu. Leider verfügte der Abschreiber, dem wir E verdanken, über ebensowenig eigene jagdliche Erfahrungen wie die meisten seiner Kollegen. Sonst würde ihm manche Wortentstellung[30]) nicht unterlaufen sein.

Die als D bezeichnete Wiener Handschrift rückte durch von Karajans Veröffentlichung unverdientermaßen in den Mittelpunkt

---

[30]) z. B. Phendern statt Blenden in der Überschrift zu Kapitel 9, fol. 47r.

aller bisherigen Betrachtungen im Zusammenhang mit der „Lehre von den Zeichen des Hirsches". Sie entstand um 1470 im Kloster Mondsee bei Salzburg, gelangte später in die Ambraser Sammlung und von dort in die Österreichische Nationalbibliothek. Sie enthält keine weitere Abhandlung jagdlichen Inhalts. Unsere „Lehre von den Zeichen des Hirsches" steht zwischen einem theologischen Traktat über das Sakrament und einer Anleitung zum Bau befestigter Burgen. D gehört nicht zu den besten Texten, wenn auch der enge Anschluß an das Original, den E und D gemeinsam haben, ihren Wert erhöht. Leider arbeitete auch der Abschreiber, dem diese Handschrift zu danken ist, wenig gewissenhaft. Ihm unterliefen einige recht unerfreuliche Lesefehler, hauptsächlich dadurch, daß er beim gleichen Wort in einer anderen Zeile, in die er irrtümlich geraten sein muß, fortfuhr und auf diese Weise den dazwischenliegenden Text überschlug. Die Umstellung in der Reihenfolge der ersten Kapitel ist vielleicht durch eine nur mehr aus losen Blättern bestehende, stark abgegriffene Vorlage zu erklären. D beginnt als einzige Handschrift mit den Kapiteln 3 und 4, wobei das letztere geteilt ist und unter gewissen Verlusten mit seiner zweiten Hälfte an den Schluß der folgenden Kapitel 1 und 2 geriet.

Endlich haben wir noch des als H bezeichneten ältesten Druckes der Zeichenlehre zu gedenken, die der Verleger Heinrich Stayner im Jahre 1531 unter dem Titel „Hernach volgen Maysterliche Stuck von Jagen vnd Spüren" der von ihm herausgegebenen vierten Auflage des Beizbüchleins beigab. Es darf hier auf die ausführliche Besprechung dieses Druckes in der „Deutschen Habichtslehre" verwiesen werden[31]). Immerhin verdient hervorgehoben zu werden, daß sich damit zu den drei erwähnten Handschriften A, E und D nun auch ein Druck gesellt, in dem die beiden wichtigsten spätmittelalterlichen deutschen Jagdtraktate nebeneinander gestellt sind.

---

[31]) Kurt Lindner, a. a. O., Berlin 1955, S. 47—50.

Der in H überlieferte Text ist stark gekürzt. Der Herausgeber griff vor der Drucklegung leider ebenso nachhaltig redigierend ein- wie er es beim Beizbüchlein getan hatte. Daß sich die Überarbeitung durch einen Mann mit sehr geringem jagdlichem Fachwissen nicht zur Besserung des Textes auswirkte, bedarf kaum der Erwähnung. Manch sinnentstellender Fehler ist nur auf mangelnde Vertrautheit mit dem Gegenstand der kleinen Abhandlung zurückzuführen. Als Vorlage für die Überarbeitung diente eine Fassung die D sehr nahegestanden haben muß.

„Dies Buch lehrt spüren und jagen" wäre der gerechte Gesamttitel für die durch E, D und H repräsentierte Textgruppe[32]).

Die recht verwickelten Verwandtschaftsverhältnisse der uns erhaltenen Handschriften und diesen vergleichbaren frühen Drucke kommen im nachfolgenden Schema (S. 36) zum Ausdruck, welches geeignet sein dürfte, auch den Standort zukünftig noch auftauchender Texte zu bestimmen.

Mit O wurde in unserer Tafel das Original bezeichnet. Dieses hatte vermutlich 26 Kapitel und wich von der Handschrift A wohl in erster Linie dadurch ab, daß in O das Kapitel 23 fehlte. Von O haben wir zwei voneinander unabhängige, stammbildende Abschriften x^1 und x^2 anzunehmen. In x^1 erfolgte der Zuwachs um das der x^2-Gruppe fehlende Kapitel 23, das wir im Hinblick auf das oben Gesagte bereits als an den Schluß gestellt auffassen dürfen. Unmittelbar auf x^1 ist die Handschrift A zurückzuführen, die dem Original in jeder Hinsicht am nächsten steht. Auch x^3 dürfte dem Original noch sehr nahe verwandt gewesen sein; in diesem Text waren die Kapitelüberschriften noch erhalten, doch fügte der Abschreiber das durch seine persönliche Note gekennzeichnete Kapitel 28 hinzu. Aus x^3 gingen zwei recht unterschiedliche Fassungen, y^1 und x^4, hervor. Der Buchstabe y wurde in

[32]) D Diß bůch leret spüren vnd jagen.
E Das puech lerrit spuern vnd jagen.
H Maysterliche Stuck von Jagen vnd Spüren.

dieses Schaubild eingefügt, um durch ihn die Handschriften der bächlen-Gruppe zu kennzeichnen, während alle x-abhängigen Texte zur pfedlin-Gruppe gehören. Bei der glättenden Überarbeitung, die y¹ darstellt, gingen sämtliche Kapitelüberschriften verloren, doch lehnte sich der Abschreiber im übrigen dem

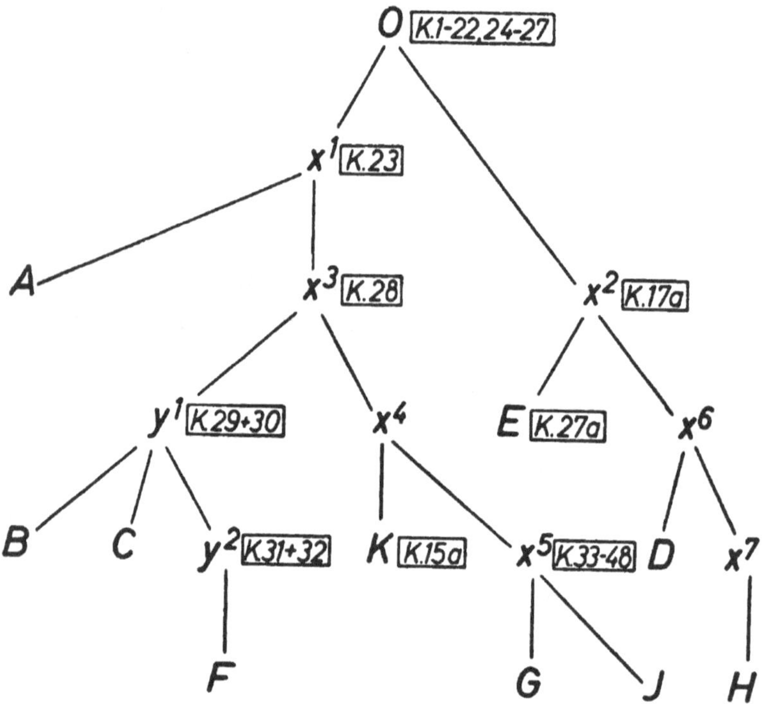

Wortlaut und dem Inhalt nach eng an seine Vorlage an, so daß die Handschriften B und C dem Original noch sehr nahestehen. Zwar ist eine gewisse Entfernung vom Urtext durch die ihnen vom Bearbeiter gegebene Politur im Ausdruck unverkennbar. Da diese Texte aber von allen sprachlich am wenigsten verderbt sind, dürfen sie als sehr lebendige Zeugnisse der ursprünglichen Konzeption angesehen werden. In y¹ wuchsen dem Text das im Ausdruck fremde, inhaltlich unbedeutende Kapitel 29 und das witzige, aber nicht eigentlich zur Sache gehörige Kapitel 30 zu.

y^2 ist das uns verlorengegangene „alt biechlin", von dem F abgeschrieben wurde. Da dem Abschreiber, dem wir die recht verderbte Handschrift F verdanken, keinesfalls eine originelle Zutat zuzutrauen ist, müssen die Kapitel 31 und 32 als schon zu y^2 gehörig angesehen werden. Wie üblich setzte der Bearbeiter seine Erweiterung auch hier an den Schluß.

x^4 dagegen war eine sehr einschneidende und eigenwillige Überarbeitung der dem Original nahestehenden Fassung x^3. Dem Abschreiber scheint es hier vor allem auf eine Straffung im Ausdruck angekommen zu sein. In ihr haben wir gleichsam eine Kurzfassung zu sehen, wobei allerdings der materielle Inhalt möglichst ungeschmälert erhalten bleiben sollte. Als Verluste sind hierbei die starke Kürzung des Kapitels 19 und der Entfall des Kapitels 20 festzustellen, die wir bei allen x^4-abhängigen Texten beobachten. In x^4 waren über x^1 und x^3 die Kapitelüberschriften ohne Zweifel noch gut erhalten, zwar wohl wie der Text vielfach gekürzt, aber doch durchweg belassen. In einigen, wenn auch nicht sehr wesentlichen Fällen ist sogar eine Verfeinerung der Gliederung feststellbar. Sie tritt uns in K, dem verderbtesten der uns erhaltenen Texte, wieder entgegen. Die enge Verwandtschaft zwischen K, G und J gibt die Sicherheit, daß x^4 und x^5 im wesentlichen gleich waren. Sie bedurften nur deshalb einer Trennung in unserem Schema, weil uns die Zutat von K, das Kapitel 15a, in G und J nicht begegnet, während für die beiden letztgenannten Fassungen die dem fragmentarischen Text K fehlende bedeutende Erweiterung um die Kapitel 33—48 typisch ist. Mögen die Kurzfassungen G, J und K dem Wortlaut nach dem Original am entferntesten stehen, so kommen sie ihm inhaltlich doch oftmals besonders nahe. Ihnen blieb viel von jener ursprünglichen Ungehobeltheit erhalten, die in y^1 sorgsam zu glätten versucht wurde.

Neben der y^1- und der x^2-Gruppe steht selbständig und unabhängig der Stamm der x^2-Texte. Er geht wahrscheinlich ebenso unmittelbar auf das Original zurück wie x^1 und kann schon deshalb nicht von x^1 oder x^3 hergeleitet werden, weil ihm die für diese typischen Kapitel 23 und 28 fehlen. Kennzeichnend für ihn ist der allen Texten dieser Gruppe eigene Zuwachs um das Kapitel 17a. Die Kapitelüberschriften des Originals gingen in x-verloren, wurden aber zum Teil in den x^2-abhängigen Texten durch neue ersetzt. In E haben wir wohl ein verhältnismäßig getreues Spiegelbild von x^2. Die Abhängigkeit dieser Handschrift von einem Text höherer Ordnung ergibt sich aus dem auch hier wieder am Schluß erscheinenden Zuwachs durch das Kapitel 27a, das den übrigen Texten der x^2-Gruppe fehlt. In x^6 haben wir die aus x^2 hervorgegangene Vorlage für D zu sehen. Daß x^6 nicht unmittelbar auf x^2 zurückgeht, darf aus der D kennzeichnenden fehlerhaften Umstellung der Anfangskapitel geschlossen werden. Jene Handschrift x^6, der der Abschreiber von D folgte, könnte auch die Vorlage für die als x^7 bezeichnete Kurzfassung unseres Traktats innerhalb der x^2-Gruppe gebildet haben. Sie offenbart sich uns im Druck H. Da dieser nur nach einem Manuskript erfolgt sein kann, geben wir jenem das Signum x^7.

Schon diese Stammtafel läßt die ungewöhnliche Variationsbreite der uns überlieferten Fassungen der „Lehre von den Zeichen des Hirsches“ erkennen. Mitunter war es unmöglich, die textlichen Abweichungen in Fußnoten zu erfassen. Es wurde deshalb das Augenmerk hauptsächlich darauf gelenkt, durch diese die verwandtschaftlichen Zusammenhänge deutlich werden zu lassen und Worte von sprachgeschichtlichem Wert zu erfassen.

Um das Ausmaß der Abweichungen der Texte untereinander darzulegen, zugleich aber um einen Eindruck von den in den Fußnoten nur zum kleinsten Teil zu erfassenden Unterschieden in der Rechtschreibung zu geben, sei nachfolgend das erste Kapitel unseres Traktats in allen zehn Fassungen wiedergegeben.

A Cod. Mon. Germ. 558

Wie du den hirczen jn der faisi suchen söt. 136r

Des ersten wie man den hirczen jn der faisi sůchen solt. Des ersten sol man sůchen zů den rechten fran wellden wo da geasde ligend als an stossent. geäsde dz sin vesen, roggen vnd habren. da jst jr wonung gern jnn jn der rechten vaise. Du solt och sůchen vf den rechten brachen vor den fran welden, da ist och gern jr wonung. Du solt och sůchen vf den rechten wegen jn den fran welden, da gand sy och gern. Du solt och sůchen vf den höwen jn den welden da sind si och gern. Du sot och sůchen vf den brenden vnd (vnd) vf den rüttinen || Da hand si och vil wandels. Dis sůch sot du alles tůn 136v
jn der vaisse.

B Cod. Mon. Lat. 4373

Das hernach geschriben stat ler spürn vnd sůchen wild. 116r[1]

DEs ersten wenn vnd wie man ainen hirsen sůchen sol in der faisse. Des ersten sol man sůchen zů den rechten frön walden wa da ligent an vnd stossent gersten, vesen, roggen vnd habern. Da ist ir wonung gern jnn jn der rechten faisse. Du solt auch sůchen auf den brachen vor den frönwelden, da ist auch gern ir wonung. du solt auch sůchen jn dem fronwalde jn den pranden vnd an gerütten. da hand sy auch vil wandels. das sůchen solt du tůn jn der vaisse, das ich vor geschriben han.

C Cod. Mon. Germ. 289

Hie vahet sich an von der spüre vnd suchen gewild. 103v[1]

DEs ersten wie man ain hirß suchen sol jn der fayßen. Zum ersten sol man suchen zu den rechten frön walden wa da ligent vnd an stößet gersten. das sint vesen, rocken vnd haber. Da ist jr wönung gerne jnne jn den rechten fayßen. Du solt auch suchen auf den brachen vor den frönwelden. da ist auch gern jr wonung. Du solt suchen auf den rechten jn den frönwelden. da gend sy auch gern auff. Du solt suchen jn den hawen jn den walden da sein sy auch vil gern. Du solt sy auch suchen auf den branden vnd an rutinan. da haben sy auch vil wandels. Das suchen soltu tun jn der fayßen als ich vorgechriben han.

D Sammelkodex 2952

Diß bůch leret spüren vnd jagen. 98v

Des ersten wie man hirß sůchen sol in der faistin. Des ersten sol man sůchen den hirß czu den rehten fronwälden da gäcz lygent vnd anstoßent. Daz sint vesen, roggen vnd habern Da ir wonung gern jnn ist. Die rogen sint die besten geäcz. Aber by disen gäczten solt du sůchen zu rechter faißtin. Du solt och den bruch sůch*en* vor den fronwäld*en*. Da gand sy och gern. Du solt sůch*en* vf den reht*en* haben in den wäld*en*. Da vindt man sy och gern. Diß sůch*en* solt du zu der faistin tůn. Da von ich geschrib*en* han.

E Ms. 354. 8⁰

43r Das puech lerrit spuern vnd jagen.

Dez erst*en* wie man suech*en* sull den hirss czu den recht*en* för weldenn vnd da gancz lig*ent* vn*d* anstossent. Dás sind ves*en*, Rock*en* vnd habern. Da ist jr wonung jnne. Doch sind dy Rocken die pest*en* geacz. Ab*er* pey disen gäncz*en* saltu such*en* zu recht*er* vaist den hirss. Du salt in auch auff prachen such*en* für den forwelden. da gent sy auch ger*en*. Auch salt du in such*en* auff
43v denn || recht*en* habern jn den veld*en*. Da sind sy auch g*er*n. Suech sy auch zu den prand*en* vn*d* an den Ried*en*. da hab*ent* sie auch vil wandlu*ng*. Dicz such*en* saltu tun jn d*er* vaist.

F Cod. Mon. Germ. 3726

1 Das biechlin lernet spüren vnnd suchen.

Deß ersten wa man ainen Hirsch suchen soll jnn d*er* faiste. deß ersten soll man suchen jnn d*en* fronnwelden, wa da ligend vnnd anstossenndt gersten. das sindt vessen, rogkenn vnd habern. da ist jr wonung geren jnne d*er* rechte faisten. du solt auch suchen vff denn rechten prachen vor denn fronn welden, da ist auch gernen jr wonung. du solt suchen jnn den rechten auf denn fronn welden. da sind sy ynn. vnnd auch geren. du solt sich auch suchen jnn denn hewen jnn denn welden, da sinndt sy geren. du solt sy auch suchenn auf denn brannden, vnnd auf denn Ridinandt, da hannd sy vill wonung. das solt du suchenn jnn d*er* faiste, das ich vor gesehn hann.

G Hs. 67. 3. Aug. 8⁰

24r Wie ain Hirsch zu suechen vnd vor der Hündin zu erkennen sey / .

Hürsch zu suechen in der Faystin / .

Wiltu lernnen spüren ainen Hirsch zuerkennen, so merck zum ersten wie du ainen Hirsch solt suechen jnn der Faistin.

Zum ersten soltu suechen jn den Fronwälden, wo die geaß ligen, stossen an die wäld, als Roggen, gersten, habern, vnnd da ist jr wonung gern.

Inn der Faystin soltu sie auch suechen auf der Brachen vor den Fronwälden, da ist auch gern jr wonung, ||
24v Du solt sie auch suechen auf den gehewen jnn den wälden, vnd auf den branten vnd auf den Reütin, da sie allwegen gern sein / .

H Augsburg 1531

Hernach volgen Maysterliche Stuck von Jagen vnd Spüren. F IIr

DEs ersten wie man suchen soll den Hyrß zů den rechten Fronwälden / vnd da geätz bey liget vn*d* anstosset / da ist yhr wonung gern / doch seyndt sie aller gernest wo rocken ligt / Aber bey andern geäczen such zů rechter fayste / auff den prachen vor den Wälden gehn sie auch geren / Du solt suchen auff den rechten Hobern in den wälden / da sein sie auch gern / Such sy || auch F IIv
zu den pranden vnnd zů den reüt / wann da haben sie vil wandels / vnd dicz suchen thů in dem faysten.

J Pforzheim 1560

Wie Hirsch zůsůchen / wie auch der Hirsch für der Hinden zůerkennen. 93r
Hirsch zůsůchen in der Feißten.

WIlt du lehrnen spüren einen Hirsch zů erkenne*n* / so merck zum ersten wie du einen Hirsch solt sůchen inn der Feißten; zum ersten solt du sůchen in den Fronwälden wo die Geäß ligen / stossen an die Wäld / als Rocken / Gersten / oder Habern / vnd da ist jr wonung gern in der Feißten. Du solt sie auch sůchen auff den Brochen / vor den Fronwälden / da ist auch gern jr wonung. Du solt sie auch sůche*n* auff den Gehewen in den Wälden / vnnd auff den Brenden / vnd auff den Reüten / da sie auch allwegen gern.

K Nürnberg 1610

Hirschen zu suchen in der Feisten. A IIr

ZVm ersten solt du sie suchen in den Fehren Walden / oder Fehr Höltzern wo die See ligen / die an die Höltzer stossen / Rocken / Gersten oder Habern / allda ist jhr Wohnung / gehen in der Feisten / etc. Du solt sie auch suchen auff den Brachen / Item du solt sie auch suchen auff den Jungen Höfen / oder Schlägen / vnd auff den Bränden / da seyn sie auch gerne.

Die nachfolgende Stelle (A 137r[11–13]) wurde ausgewählt, um an einem Beispiel die Übereinstimmung im Wortlaut innerhalb der drei großen Textstämme und deren Verhältnis zu A und unter sich deutlich werden zu lassen.

A Die hind die ha*n*t ein spiczig*e*n fůß vn*d* wen sy ga*n*t so ga*n*t sy mit raged*e*m fůß vn*d* mit ein*e*m recht*e*n fůß.

G Die Hindin hat ainen spitzigen fues, wenn sy geht so get sie mit ragendem vnd mit schlechtem fueß. x[4]-Gruppe

J Die Hinden hat einen spitzigen fůß / wann sie gehet so gehet sie mit ragendem vnnd mit schlechtem fůß.

K Item / die Hindin hat einen spitzigen Fuß / wann sie gehet / so gehet sie mit ragetem vnnd schlechtem Fuß / .

x²-Gruppe D Die hind ha*n*t och ainen spicig*en* fůß vnd wann sy ga*n*t So ga*n*t sy mit ragendem fůß vnd mit ainem schlecht*en* fůß.

E Dy hynd hat eine*n* spiczig*en* fuez vnd wan sy get So get si mit Ragente*m* fuez vnd mit eine*m* slecht*en* fuez.

H Die Hindt hatt einen spitzigen fůß / vnnd nicht ein schlechten fůß.

y¹-Gruppe B die hind hat aine*n* spiczigen fůß vnd nit ain slecht*en* fůß.

C Dy hinde hat ainen spytzig*en* füße.

F Die hinden hat ainen spitzigen fueß, vnnd nit ainen schlechtigen fueß.

IV.

Mit einer gewissen Zwangsläufigkeit stellen sich im Rahmen unserer Betrachtungen zwei eng miteinander zusammenhängende Fragen: die nach dem Alter und nach der Urheberschaft unseres Traktates. Um das Ergebnis vorweg zu nehmen: wir können beide nicht zuverlässig beantworten und sind selbst hinsichtlich der Zeit, in der die „Lehre von den Zeichen des Hirsches“ zur Aufzeichnung kam, auf Mutmaßungen angewiesen.

Th. G. von Karajan, der die Wiener Handschrift herausgab, fügte ohne nähere Begründung dem Titel die Worte „eine Abhandlung des vierzehnten Jahrhunderts“ hinzu. Dem sehr gewissenhaften Gelehrten scheint unbekannt geblieben zu sein, daß der ihm zur Verfügung stehende Text erst um 1470 im Benediktinerkloster Mondsee in Österreich niedergeschrieben wurde und nicht, wie es in der Einleitung seiner Ausgabe[33]) heißt, „in das Ende des vierzehnten oder den Anfang des fünfzehnten Jahrhunderts “gehört. Immerhin erkannte Karajan schon, daß es sich bei seiner Vorlage nur um eine Abschrift handelte, so daß es

[33]) a. a. O., Wien 1858, S. XIII.

ihm unbedenklich zu sein schien, die Urfassung zeitlich um ein Menschenalter und damit zuverlässig ins 14. Jahrhundert zurückzuverlegen. Er meinte, sie verdanke ihre Entstehung gewiß einem erfahrenen Jäger Schwabens.

Hinsichtlich der zeitlichen Einordnung kommen wir, wenn auch auf Grund ganz anderer Überlegungen, zu einem ähnlichen Ergebnis, jedenfalls scheint die Zeitangabe „um 1400" für die Abfassung unserer Abhandlung annähernd zutreffend zu sein. Diese Folgerung ergibt sich aus dem Cod. Mon. Germ. 558, dessen Text, wie wir sahen, dem Original am nächsten steht.

Diese Handschrift verdient hier insofern eine eingehende Betrachtung, als der kurze bibliographische Hinweis im offiziellen Katalog[34]) das für unsere Überlegungen völlig unerhebliche Datum 1462 bringt.

Der Cgm 558 entstammt der Bibliothek der Augsburger Jesuiten und trägt deshalb auch heute noch auf dem ersten Blatt das alte Signum „No 238 Bibl. Jes. A. Vind". Tatsächlich enthält er aber zwei völlig unabhängig voneinander entstandene Handschriften, die — obgleich sie inhaltlich keineswegs zueinander paßten — wahrscheinlich lediglich wegen des gleichen Formats während der Renaissance zusammengebunden wurden. Diese Buchbinderarbeit ist durch den charakteristischen mit Pergament bezogenen Holzdeckel verhältnismäßig sicher datierbar.

Der erste Teil, der wahrscheinlich nur rein zufällig mit dem zweiten zu einem Sammelband vereinigt wurde, beginnt (fol. 1r) mit den Worten „Dis ist dz lantrecht bůch" und fährt fort (fol. 74v) „Hie fahet an dz lehen bůch". Auf fol. 94v bringt der Schreiber dann „küng růdolfs gesatzt die er satzt jn dem Concilio ze wirtzburg", wie am Ende ersichtlich wird, vom Jahre 1287. Zum Schluß nennt sich der Schreiber Otmar gossow aus St. Gallen

[34]) Die deutschen Handschriften der K. Hof- und Staatsbibliothek zu München 1. Teil, München 1866, S. 91.

namentlich und fügt hinzu, daß er mit seiner Arbeit am St. Gregoriustag des Jahres 1462 „zu mittag" fertig geworden sei. Dieser erste Teil, der durch acht leere Blätter abgeschlossen wird, sagt über unseren Traktat nicht das mindeste aus. Er verdiente lediglich der Erwähnung einerseits, weil sich durch ihn das für uns belanglose Datum 1462 im Katalog über die deutschen Handschriften der Bayerischen Staatsbibliothek in München aufklärt, andererseits auf sein Herkommen aus dem Bereich des Stiftes St. Gallen hingewiesen wird, also einem Gebiet, in dessen Nähe auch der zweite Teil entstanden sein muß.

Die zweite, angebundene Handschrift ist leicht von der ersten zu trennen. Mit ihrem Beginn wechseln Schrift, Papier und Wasserzeichen, auch ist sie vor dem Zusammenbinden offensichtlich häufiger benutzt worden als das Lehn- und Landrechtsbuch und deshalb wesentlich abgegriffener. Sie zerfällt in vier Lagen, von denen die erste aus 24, die zweite und dritte aus je 12, die vierte aus 22 Blättern besteht, wobei das letzte Blatt beim Binden auf dem Deckel festgeklebt wurde. Das erste Blatt ist unbeschrieben, auf dem zweiten — in der vorliegenden Paginierung auf fol. 101 r — beginnt eine ungekürzte Wiedergabe der sogenannten Müllnerschen Chronik zur Züricher Geschichte für die Zeit von 1350 bis 1385 mit einem geringfügigen Zusatz. Dann folgen Notizen, die die Zeit von 1267 bis 1387 betreffen (fol. 109 v bis 113 r), und die von Scherrer[35]) veröffentlichte „Chronik eines ungenannten Toggenburgers" (fol. 113 r—124 r), die Nachrichten aus der Zeit von 1314 bis 1446 enthält. Gewiß ist demnach, daß der die „Lehre von den Zeichen des Hirsches" enthaltene Teil des Cgm 558 erst nach dem Jahre 1446 niedergeschrieben worden ist. Vom ersten Blatt der Toggenburger Chronik abgesehen, handelt es sich bei diesen Aufzeichnungen aber um tagebuchartige Ver-

---

[35]) Gustav Scherrer, Kleine Toggenburger Chroniken, St. Gallen 1874, S. 3—36.

merke aus der Zeit von 1420 bis 1446, die das Miterleben des Verfassers erkennen lassen. Die starke Häufung der chronistenhaften Aufzeichnungen aus den letzten 10 Jahren macht es wahrscheinlich, daß die uns vorliegende Abschrift schon kurze Zeit nach 1446 als dem letzten erwähnten Datum erfolgte.

Nach sieben leeren Blättern erscheint nun ein zweiter Schreiber mit deutlich anderer Handschrift. Aber da die von ihm kopierten Texte mitten in der zweiten Lage anheben, also auch vor dem Binden nicht selbständig waren, müssen beide Schreiber gleichzeitig gearbeitet haben, was zudem dadurch bestätigt wird, daß anschließend wieder die Schrift des ersten auftaucht.

Von diesem zweiten Schreiber stammen drei Texte, nämlich ein Fecht- und Ringbuch (fol. 125r—136r), die uns hier beschäftigende „Lehre von den Zeichen des Hirsches" (fol. 136r—140v) und ein Bruchstück vom Beizbüchlein (fol. 141r—150r).

Mit unseren Überlegungen über das Alter der „Lehre von den Zeichen des Hirsches" setzen wir am besten bei dem im Cgm 558 erhaltenen Bruchstück des Beizbüchleins ein, über das schon an anderer Stelle[36]) ausführlich gesprochen wurde. Wir wissen, daß dieses die älteste uns überlieferte Fassung darstellt, die den Urtext dieses für die Geschichte der Beizjagd so aufschlußreichen Traktats unverfälschter wiedergibt als jede andere Bearbeitung. Da jedoch die älteste Abschrift der jüngeren Überarbeitung, das in die Westdeutsche Bibliothek in Marburg gehörige Ms. Germ. Quart 352, zuverlässig in das Jahr 1440 verlegt werden darf, können wir zunächst feststellen, daß die Erwähnung des Jahres 1446 in der Toggenburger Chronik nichts über die Entstehungszeit der beiden Jagdtraktate im Cgm. 558 aussagt.

Für die Beurteilung der Frage nach dem Alter der „Lehre von den Zeichen des Hirsches" ist wohl in erster Linie die sich aus der vergleichenden Textkritik ergebende Tatsache entscheidend, daß

---

[36]) Kurt Lindner, Die deutsche Habichtslehre, a. a. O., S. 38/39.

uns im Cgm 558 sowohl von diesem Traktat als auch vom Beizbüchlein die ältesten Fassungen überliefert sind.

Am meisten hat die Annahme für sich, daß dem Abschreiber bei seiner Arbeit eine schon zu seiner Zeit nicht mehr ganz junge Handschrift zur Vorlage diente, die beide Abhandlungen jagdlichen Inhaltes, wahrscheinlich außerdem bereits das Fecht- und Ringbuch enthielt. Leider vermag ich das letztere nicht mit der gleichen Sicherheit wie das Beizbüchlein und die Zeichenlehre zu beurteilen. Sollte sich jedoch durch eine textkritische Überprüfung ergeben, daß auch dieser Traktat als ausgesprochen altertümlich aufzufassen ist, hätten wir einen weiteren Beweis für die Vermutung, daß der Schreiber des Cgm 558, aus dessen Hand wir die Blätter 125r—150r zurückzuführen haben, nur eine alte Sammelhandschrift mit Abhandlungen sportlichen Inhaltes kopierte. Unwahrscheinlich ist, daß seine Vorlage mitten im Beizbüchlein abbrach. Ihm selbst müssen wir es wohl zuschreiben, daß seine Arbeit nur ein Torso blieb. Auffällig ist beim Studium des Cgm 558, daß die Schreibweise dieses Schreibers mehr und mehr an Sorgsamkeit verlor. Anfangs recht sauber, wenn auch ein wenig steif und ungelenk schreibend, änderte sich das Bild durch zunehmende Flüchtigkeit, so daß der Eindruck erweckt wird, als habe nicht genügend Zeit für den Abschluß der Arbeit zur Verfügung gestanden. Auch scheint an eine Vollendung des Werkes nicht gedacht gewesen zu sein, sonst wäre der erste Schreiber, der unter anderem die Toggenburger Chronik kopierte, nicht unmittelbar nach dem unvollendeten Text des Beizbüchleins auf Seite 151r mitten in der letzten Lage mit einer in Reimen abgefaßten Abhandlung über den Einfluß der Planeten auf das menschliche Leben im Kreislauf des Jahres fortgefahren.

Wenn wir von der Annahme ausgehen, daß die fol. 125r—150r im Cgm 558 nur eine unvollendet gebliebene Abschrift einer älteren Sammelhandschrift von Arbeiten über das Fechten, Ringen, Jagen und Beizen darstellen, konzentriert sich unsere ganze

Aufmerksamkeit auf diese nicht mehr erhaltene Vorlage. Da das Fecht- und Ringbuch weder Namen noch Datum enthält, sind wir hinsichtlich unserer Mutmaßungen allein auf jene Bemerkungen angewiesen, die den Schluß der „Lehre von den Zeichen des Hirsches“ und die Überleitung zum sich anschließenden Beizbüchlein bilden. Sie wurden bereits in der „Deutschen Habichtslehre [37]) ausführlich besprochen. Ohne auf die Problematik dieser Textstelle nochmals eingehen zu wollen, dürfen wir feststellen, daß ein Mann namens Hugo Wittenwiller entweder 1409 oder 1415 seinen Namen mit der „Lehre von den Zeichen des Hirsches“ verband.

Damit erhebt sich die Frage: wer war dieser Hugo Wittenwiller, und könnte er der Verfasser der Zeichenlehre gewesen sein? Wenn wir auch über diesen Mann selbst bislang nichts Genaues wissen, so wird uns seine Person durch verschiedene glückliche Umstände recht plastisch. Sein Familienname ist in der Geschichte der spätmittelalterlichen deutschen Literatur nicht unbekannt. Er begegnet uns durch Häynreich Wittenweylär, den Dichter des um 1400 geschriebenen großen Versepos „Der Ring"[38]), in dem im Rahmen einer Bauernhochzeit eine Fülle von moralischen Lehren und eine Darstellung vom Lauf der Dinge in der Welt gegeben werden.

Verrät schon auf den ersten Blick eine Überprüfung der Zeichenlehre in der im Cgm 558 erhaltenen Fassung das Schweizer Herkommen, so gibt uns nun der Name Wittenwiller die Möglichkeit, unseren Text noch sehr viel genauer zu lokalisieren. Die Wittenwiller[39]) waren ein aus dem kleinen, zur Kirchgemeinde Wengi

---

[37]) a. a. O., S. 17.

[38]) Kritische Ausgabe von Edmund Wießner.

[39]) Vergl. hierzu „Die Edeln von Wittenwyl“ bei Gustav Scherrer, Kleine Toggenburger Chroniken, St. Gallen 1884, S. 119—126; Edmund Wießner, Urkundliche Zeugnisse über Heinrich von Wittenwil, in der Festgabe für Samuel Singer, Tübingen 1930, S. 98—114.

gehörigen Ort Wittenwyl stammendes thurgauisches Adelsgeschlecht, das sich vom 13. bis zum 16. Jahrhundert in zahlreichen Thurgauer und St. Gallischen Urkunden nachweisen läßt. Sie gaben wohl gegen Ende des 13. Jahrhunderts ihre Stammburg auf und verlegten ihren Wohnsitz nach Wyl und Lichtensteig, wo sie recht begütert gewesen sein müssen und mehrfach öffentliche Ämter wie das des Schultheißen oder des Stadtweibels inne hatten. Aber obgleich uns die Vornamen einer stattlichen Reihe von Mitgliedern der Familie Wittenwiller bekannt sind, ließ sich unter ihnen keiner finden, der Hugo benannt ist. Zwar gibt es einen H minister de Wittenwile, der in einer 1298 aus Uznach datierten Urkunde als Zeuge des Grafen Friedrich von Toggenburg erscheint, aber weder wissen wir, ob dieses H für Hugo steht, noch können wir annehmen, daß es sich bei ihm um jenen Hugo Wittenwiller handelt, der seinen Namen mit der „Lehre von den Zeichen des Hirsches“ verband, da keine Anhaltspunkte gegeben sind, die Entstehung unseres Traktats um ein volles Jahrhundert zurückzuverlegen. Auch ergibt sich aus Wießners Untersuchungen[40]), daß die uns vorliegende Namensform „wittenwiller“ erst um die Wende des 14. zum 15. Jahrhundert die ursprüngliche Form „von Wittenwil“ allgemein ablöste.

Zwei Gesichtspunkte sprechen dafür, daß unser Hugo Wittenwiller nicht selbst der Verfasser der „Lehre von den Zeichen des Hirsches“ war. Erstens deuten die Worte „per manus“ und das genaue Datum des Tages darauf hin, daß es sich nur um eine Abschrift handelt. Zweitens können wir nicht unbeachtet lassen, daß der Name Hugo Wittenwillers einzig und allein am Schluß der im Cgm 558 überlieferten Fassung erhalten ist, jedoch in keinem der Paralleltexte erscheint. Hätte tatsächlich der Autor unseres Traktats, wie es ja häufig bei ähnlichen Abhandlungen der Fall war, seinen Namen genannt, so wäre dieser zweifellos auch in den

---

[40]) Edmund Wießner, a. a. O., S. 113/114.

anderen Abschriften erhalten geblieben. Gerade solche Namen erbten sich gerne fort, da sie einen Text leicht kenntlich machten und oftmals das Ansehen desselben steigerten. Es ist also kaum anzunehmen, daß auf Hugo Wittenwiller die „Lehre von den Zeichen des Hirsches" zurückgeht. Mit weit mehr Wahrscheinlichkeit haben wir in ihm den Kompilator zu sehen, der drei Bücher, deren Inhalt den Interessen des Adels entsprach — ein Fecht- und Ringbuch, einen Jagdtraktat und eine Abhandlung über die Beize —, in einer Handschrift zusammenfaßte und bei seiner Arbeit das Datum 1409 oder 1415 einfließen ließ. Diese Textsammlung dürfte als Vorlage für den Schreiber des Cgm 558 gedient haben, der ihr getreulich folgte, also auch den Namen Wittenwiller und das alte Datum wieder brachte, im übrigen aber nicht die Zeit fand, sein Vorhaben zu vollenden.

Wenn somit der Kompilator Hugo Wittenwiller während der ersten zwei Jahrzehnte des 15. Jahrhunderts die „Lehre von den Zeichen des Hirsches" seinem Sammelwerk einverleibte, darf wohl unbedenklich ihre Entstehung in die Zeit „um 1400" verlegt werden, es sei denn, daß sich neue Gesichtspunke ergeben sollten, die die Annahme eines noch höheren Alters rechtfertigen könnten.

Der Sprache nach stammt der uns im Cgm 558 erhaltene Text aus dem Landschaftsdreieck, das durch die Städte Zürich, St. Gallen und Konstanz gebildet wird. Es ist naheliegend, hier auch den Ursprung der „Lehre von den Zeichen des Hirsches" zu suchen.

Offen lassen müssen wir dagegen die Frage nach der Person des Verfassers. Als gewiß darf nur gesagt werden, daß es sich nicht um den gleichen Mann gehandelt haben kann, dem wir das Beizbüchlein verdanken. Eine solche Vermutung könnte naheliegen, da uns im Cgm 558 von beiden Abhandlungen die ältesten Fassungen überliefert sind. Aber diese zwei Werke sind nach Sprache und Satzbau so unterschiedlich, daß eine Urheberschaft ein und desselben Schriftstellers nicht ernstlich angenommen werden kann.

Sie sind auch inhaltlich nicht gleichzustellen. Während der Verfasser des Beizbüchleins ein Mann mit sehr großen praktischen Erfahrungen gewesen sein muß, der sich recht geschickt auszudrücken wußte, können wir uns bei der „Lehre von den Zeichen des Hirsches" doch des Gefühls nicht erwehren, daß hinter dieser Arbeit ein Mann von recht beckmesserischem Wesen stand, der mehr aus einer zünftlerisch erhärteten Überlieferung als aus selbst erworbenem Wissen schöpfte.

V

Die Frage nach dem Urheber unseres Traktats hat zugleich zu einer Beurteilung des Werkes geführt. Tatsächlich läßt sich über dessen Aufbau und Inhalt nicht allzuviel Rühmenswertes sagen, sofern wir außer Betracht lassen, daß es sich nun einmal um die älteste deutschsprachige lehrhafte Abhandlung über die Jagd im engeren Sinne — also die Beize nicht einbezogen — handelt. Dabei ist es schon nicht ganz zutreffend, von einer Abhandlung über die Jagd schlechthin zu sprechen, denn von der eigentlichen Jagdtechnik erfahren wir durch sie nichts. Vom Standpunkt der jagdgeschichtlichen Betrachtung ist deshalb das uns erhaltene lateinische Fragment „De arte bersandi" viel aufschlußreicher. Dort hören wir von den Waffen, von der Erziehung der Hunde und nehmen am Verlauf der Jagd selbst teil, hier aber bleiben die Angaben auf ein Teilgebiet der Vorsuche, nämlich das Ansprechen des Wildes nach den geschlechtsunterscheidenden Merkmalen in der Fährte beschränkt.

Alle Zeichen, die ein Stück Wild hinterläßt, bilden die Fährte. Sie lassen sich in trittgebundene und trittlose Zeichen unterscheiden. Die trittgebundenen zerfallen in solche, die aus der Stellung mehrerer Tritte zueinander abzuleiten sind, und solche, die sich aus dem Gepräge des einzelnen Trittes ergeben. Alle drei Typen werden in der „Lehre von den Zeichen des Hirsches" behandelt. Ihr Verfasser beginnt, nachdem er in zwei einleitenden Kapiteln gesagt hat, wo Rotwild während der Feistzeit und in der Brunft zu stehen pflegt, mit den trittlosen Zeichen, der „Wandlung“ (Kap. 3 und 4, hierher zu setzen ist auch Kap. 25), dem Wenden, dem Fegen, dem Schlagen und dem Rühren (Kap. 5). Systematisch gehören hierher auch seine Angaben über die Losung (Kap. 24) und über das Nässen (Kap. 27). Den Übergang zwischen trittlosen und trittgebundenen Zeichen bildet der Abtritt (Kap. 7), da er zwar vom Fuß hervorgerufen wird, aber unabhängig vom Tritt zu beurteilen ist. Von den trittgebundenen Zeichen sind die aus der Mehrzahl der Tritte gebildeten an die Spitze gestellt. Wir hören, zunächst auf die Bedeutung der Trittstärke aufmerksam gemacht, von der Weite des Schrittes (Kap. 6, erneut betont in Kap. 26), vom Beitritt (Kap. 8), vom Blenden und Ereilen (Kap. 9 und 10) und vom Schrenken (Kap. 18). Dann wendet sich der Verfasser unseres Traktats dem einzelnen Trittsiegel selbst zu und spricht vom Zwingen (Kap. 11) und den damit zusammenhängenden Erscheinungen, dem Fädlein (Kap. 12), dem Näslein (Kap. 13) und dem Burz (Kap. 14). Auch der Burgstall (Kap. 19) ist hier einzureihen. Nach einem Hinweis auf die Eigenheiten des Trittsiegels der Hinde (Kap. 20) werden in Kap. 21 unter dem Begriff des Insiegels die verschiedenen Zeichen des einzelnen Trittes noch einmal zusammengestellt. Eine Ergänzung hierzu bilden die Darlegungen über die Unterschiede eines Hirsch- und eines Wildfußes (Kap. 15—17). Der Rat, durch Versuche ein klareres Bild zu gewinnen (Kap. 23), und der Appell, eifrig zu sein und aus der Praxis zu lernen (Kap. 22), bieten sich als natürlicher Schluß des kleinen Traktats an.

Schon diese kurze Inhaltsangabe läßt die Schwächen im Aufbau des Werkes erkennen, aber wir würden ihm durch eine solche Betrachtungsweise wohl kaum gerecht. Ebenso wie der Verfasser eines Volksliedes ewig im Dunkeln bleibt, wie die Schöpfer der im Berufsjägertum vergangener Jahrhunderte verwurzelten Weidsprüche und Jägerschreie nie vor unseren Augen deutlich werden können, so haben wir auch hier in der Anonymität des Urhebers ein entscheidendes Kriterium der Qualität zu sehen. Was als Zeichenlehre vor uns ausgebreitet wird, ist nicht eigentlich das rational zu erfassende Werk eines Schriftstellers sondern die Aufzeichnung eines schreibfreudigen Mannes aus dem Volk, der seinen Leuten auf den Mund zu schauen wußte. Es wäre abwegig, an Systematik und Vollständigkeit bei Behandlung des Themas höhere Anforderungen zu stellen als an vergleichbare volkstümliche Schöpfungen. Dies mag zugleich als eine Verteidigung mancher Behauptung in unserem Traktat aufgefaßt werden, die einer wissenschaftlich-exakten Nachprüfung nicht standzuhalten vermag. Vieles läßt sich leicht zerreden — und dieser Vorwurf bleibt Thiele nicht erspart —, wenn man sich an Worte klammert. Die grüne Gilde jener Zeit, aus der die „Lehre von den Zeichen des Hirsches stammt", suchte schon um ihres beruflichen Erfolges willen nach verläßlichen Unterscheidungsmerkmalen zwischen Hirsch und Tier in der Fährte. Jeder erfahrene Rotwildjäger weiß, mit welchem Grad der Wahrscheinlichkeit er auf viele der hier genannten Zeichen vertrauen darf, ganz einfach deshalb, weil er mit einer gewissen Norm natürlicher Gegebenheiten rechnen kann.

Im Grunde handelt es sich freilich nicht um zoologisch bedingte, anatomisch nachweisbare Unterschiede im Bau eines Hirsch- und eines Wildfußes, die die Abweichungen in der Fährte hervorrufen. Entscheidend sind vielmehr ganz einfache physikalische Tatsachen. Das Bild des Trittsiegels wird entscheidend vom Gewicht bestimmt, durch das er geprägt wurde. Da der Hirsch in der Regel schwerer ist als das Tier, läßt sich der Grundsatz, daß Geschlechtsunterschiede aus der Fährte gelesen werden können, nicht bestreiten. Aber diese Möglichkeit kann nur als Prinzip von weitgehender Gültigkeit, nicht als unumstößliches Dogma aufgefaßt werden. Es mag durchaus ein starkes, vielleicht sogar trächtiges Tier sehr viel stärker „die Zeichen eines Hirsches" tun als ein geringer Hirsch. Das haben die mittelalterlichen Jäger freilich auch gewußt, aber es fehlt ein diesbezüglicher Hinweis in unserem Traktat. Mit einer solchen Einschränkung wäre der Kritik aller Wind aus den Segeln genommen worden. Wir sollten deshalb der kleinen Arbeit mit der gleichen Aufgeschlossenheit wie einem Volkslied gegenübertreten und niemals außer Betracht lassen, welch wertvolles Sprachdokument uns mit ihr erhalten ist.

Betrachtet man die „Lehre von den Zeichen des Hirsches" unter diesem Gesichtswinkel, so tritt uns eine voll entwickelte Standes-, aber doch keineswegs eine „Kunst"-Sprache entgegen. Sie war noch durchaus volksnah und somit weit weniger klassenbewußt als in den nachfolgenden Jahrhunderten.

Dem „Hirsch" steht das weibliche Stück Rotwild als „Hinde" gegenüber. Leider hat dieses schöne Wort heute keine rechte Lebenskraft mehr und ist fast ganz durch die farblose Bezeichnung Tier ersetzt. Beide — Hirsch und Hinde — sind das „Gewild". Sie „weiden sich", wenn sie „äsen", während „Geäs" für Äsung steht. Der Hirsch wird in der „Feiste" und in der „Brunst" „gesucht", „gespürt" und „angesprochen". Er „trabt", wenn er trollt und macht einen „Widergang" wenn er einen Sprung macht „gerade so, wie ein Hase" ihn tut. Der Hirsch „geht" oder „schreitet" auch, er „steht", und er „flieht", wenn er flüchtig ist. Er „bestätigt sich", wenn er sich in eine Dickung einstellt, er „tritt" mit dem „Fuß" und hat einen „Schritt". Er „rührt" das Laub mit dem „Gehörn". Das Wort Geweih fehlt durchaus, auch steht noch „Ohren" für Luser. Der Hirsch „fürbt", wenn er fegt, oder er „schlägt" aus Mutwillen mit der bastfreien Krone. „Fährte" steht gleichbedeutend neben dem etwas seltener gebrauchten Wort „Spur". Am Fuß, der am „Lauf" ansetzt, werden die „Schalen", die „Ballen", der das Zwischenklauenband bezeichnende „Rick" und die „Afterklauen" unterschieden. Für den Trittsiegel, der als „Insiegel" erscheint, finden wir das hübsche

Wort „Gemälde“; im Insiegel steht alles „gemalt“. Der Hirsch „stallt“, wenn er die „Losung“ verliert, er „seicht“ wenn er Wasser läßt, während die Exkremente als „Bohnen“ oder „Lorbeer“ bezeichnet werden. Er „trägt“, um den Wortschatz der Zusätze mit einzubeziehen, die „Stangen“ auf dem „Haupt“ und „rert“ sie, wenn er sie abwirft. Der Jäger „hängt“ mit dem „Leithund“ dem Hirsch „nach“ und „schreit“ ihn „an“. Der Hirsch „zieht“, ist aber noch „blutig“, während „schweißig“ erst später bezeugt ist. Der Hirsch „beißt“ das Gras ab und „tut sich nieder“.

Diese kleine Liste mag einen Überblick über den großen Schatz an Fachworten geben, der in der „Lehre von den Zeichen des Hirsches“ enthalten ist. Vergleicht man darüber hinaus die Derivattexte mit der klassischen Fassung, ist der anwachsende Wortreichtum unverkennbar. Alle hier vorgelegten Texte zusammen geben ein Bild der sprachlichen Entwicklung auf einem eng begrenzten Sektor der jagdlichen Standessprache in seltener Vollkommenheit.

VI

Während die hier als klassisch bezeichnete Fassung der „Lehre von den Zeichen des Hirsches“ nur durch die bereits behandelten Zusätze einen Gestaltwandel, vornehmlich eine materielle Ausweitung erfuhr, stehen ihr die echten Umarbeitungen gegenüber, die zwar unter Zugrundelegung des klassischen Textes entstanden, ihrem Charakter nach aber als freie Bearbeitungen anzusehen sind. Sie deckten sich durch die Gleichartigkeit des Themas in der Aufgabenstellung mit der ursprünglichen Form der Zeichenlehre, übernahmen aber entweder den überlieferten Text mehr dem Inhalt als dem Wortlaut nach oder ergänzten die Vorlage stofflich mehr oder minder stark.

Vier solche voneinander völlig unabhängige Derivattexte sind uns erhalten und in je einer Handschrift auf uns überkommen.

Einer von ihnen gehört ins 15. Jahrhundert. Die übrigen drei stammen aus dem 16. oder beginnenden 17. Jahrhundert. Ließ schon die Vielfalt der Varianten des klassischen Textes, die vornehmlich in den divergierenden Zusätzen ihren Ausdruck fand, deutlich das hohe Interesse der Fachkreise an der „Lehre von den Zeichen des Hirsches" erkennen, wird die Wertschätzung unseres Traktates seitens der zünftigen Jägerei durch diese vier selbständig entstandenen Bearbeitungen vollends ersichtlich.

Unter diesen ist die nachfolgende der Entstehung nach die älteste:

S Stuttgart, Württembergisches Hauptstaatsarchiv, Lade A 59, Forstsachen, Büschel 1 „Vonn aller erkenntnis Daran man einen Hirs sunderlich vor dem wild erkennen kan, des gleychen von gang, stand vnd spure dess wildes von einem Frey Hern Couno Her zu Winenburg vnd Beyllstein erstlich auss bracht". Papier, 20 Seiten, um 1554.

Die Handschrift wurde von Frhr. Rudolf von Wagner entdeckt und im Rahmen seiner Untersuchungen zur Geschichte des württembergischen Jagdwesens[41]) erstmalig in einer leider nicht ganz fehlerfreien Ausgabe vorgelegt. Wagner kannte, wie wir sahen, die weit ältere Veröffentlichung der Wiener Handschrift durch Th. G. von Karajan zu diesem Zeitpunkt noch nicht und setzte sich deshalb auch weder mit dieser noch mit einer der übrigen klassischen Fassungen der „Lehre von den Zeichen des Hirsches" auseinander. Der Wagnerschen Vorlage folgte Raoul von Dombrowski[42]), als er den gleichen Text seiner 1878 herausgegebenen Monographie „Das Edelwild" als Anhang beigab. Dombrowskis Text

---

[41]) Frhr. (Rudolf) von Wagner, Das Jagdwesen in Württemberg unter den Herzogen, Tübingen 1876, Anhang II, S. 545—562.

[42]) Raoul von Dombrowski, Das Edelwild, Monographischer Beitrag zur Jagdzoologie, Wien 1878, „Ein alt Waidbüchlein", S. 360—373.

ist durch Druckfehler und Auslassungen bis zur völligen Unbrauchbarkeit verderbt[43]).

Da sich der Verfasser dieser Bearbeitung der „Lehre von den Zeichen des Hirsches“ selbst nennt, sind wir in die Lage versetzt, die Zeit ihrer Entstehung verhältnismäßig genau zu bestimmen.

Als Frhr. von Wagner 1876 die Handschrift veröffentlichte, drückte er die Vermutung aus, dieser sich im Titel selbst nennende Couno Her zu Winenburg vnd Beyllstein sei ein Angehöriger der Familie Metternich gewesen. Diese Annahme erweist sich bei genauerer Nachprüfung als nicht zutreffend.

Die reichsunmittelbare Grafschaft Beilstein an der Mosel, ursprünglich einer Familie von Brunshorn zugehörig, war kölnisches Lehen. Am 13. April 1361 wurden vom Kölner Erzbischof Wilhelm ein Cono von Wunnenberg und dessen Bruder Gerlach als Nachfolger ihres lehnserbenlosen Großvaters Gerlach von Brunshorn mit dem Schloß Beilstein belehnt[44]). Ein unmittelbarer Nachkomme dieses älteren Kuno von Winenburg-Beilstein war jener jüngere Träger des gleichen Namens, den wir mit Sicherheit als den Verfasser unserer Handschrift ansehen dürfen. Dieser Coene, auch Cone, Cune, Cono oder Chone genannte Herr „zu Wynenberg und zu Bystein“ begegnet uns in einer Anzahl von Urkunden aus der Zeit zwischen 1471 und 1488[45]). Am 8. Dezember 1488 leistete Graf Eberhard V. im Bart, der Gründer

---

[43]) Auch Frhr. von Wagner äußerte sich nach einer im Württembergischen Hauptstaatsarchiv in Stuttgart erhaltenen handschriftlichen Notiz sehr kritisch über diesen Nachdruck, wies den von Dombrowski vermuteten, natürlich ganz abwegigen Zusammenhang mit Kaiser Maximilian I. zurück und stellte bedauernd fest: „Der Abdruck ist voll Druckfehler fatalster Art.“

[44]) Theod. Jos. Lacomblet, Urkundenbuch für die Geschichte des Niederrheins, Bd. III, Düsseldorf 1853, S. 516, Nr. 614.

[45]) Wilh. Günther, Codex diplomaticus Rheno-Mosellanus, Bd. IV, Coblenz 1825, S. 610 (1471), S. 616 (1472), S. 659 (1482), S. 672 (1486), S. 686 (1488) und 691 (1488).

der Tübinger Universität und nachmalige erste Herzog von Württemberg diesem Kuno von Winenburg durch einen in Mainz unter Assistenz von 38 großenteils hochgestellten Persönlichkeiten gefällten Schiedsspruch insofern einen erheblichen Dienst, als er ihn hierdurch wieder in den Besitz von Winenburg und Beilstein brachte und zugleich die Händel zwischen Kur-Trier und Kur-Pfalz beilegte[46]). Damit ist wohl auch der Weg angedeutet, auf dem das Original unseres Traktats in den Besitz des württembergischen Herrscherhauses gelangte. Graf Eberhard kann das Büchlein von Kuno von Winenburg-Beilstein selbst zum Geschenk erhalten haben, möglicherweise ließ er hiervon auch nur eine Abschrift für sich anfertigen. Durch die Identifizierung des Verfassers ist es möglich geworden, das Alter dieser Bearbeitung der Zeichenlehre verhältnismäßig genau zu bestimmen. Ihre Entstehungszeit dürfte zutreffend ins letzte Drittel des 15. Jahrhunderts zu verlegen sein.

Bei der uns im Württembergischen Hauptstaatsarchiv erhaltenen Handschrift handelt es sich allerdings nicht um das Original, sondern nur um eine jüngere Abschrift. Der Urtext scheint verloren zu sein. Nach einer Auskunft des Württembergischen Hauptstaatsarchivs wurde, wie die Wasserzeichen ergeben, bei der Stuttgarter Handschrift ein Papier verwendet, das in den Jahren 1554 bis 1557 in Gebrauch war und keinesfalls vor 1554 beschrieben worden sein kann. Der Abschreiber war offenbar auch im Schreiben nicht besonders geübt, vielleicht ein Forstmann oder Jäger, der sich das Büchlein nach dem Original für seinen Privatgebrauch anfertigte. Die altertümliche Art der Schrift läßt vermuten, daß der Abschreiber kaum ein jüngerer Mann war. Wo die Kopie entstand, ist nicht mehr feststellbar. Daß es sich bei der

---

[46]) Christian Friedrich Sattler, Geschichte des Herzogthums Würtenberg unter der Regierung der Graven. 3. Theil, 2. Auflage, Tübingen 1777, S. 197/198.

Stuttgarter Handschrift nicht um das Original, sondern nur um eine Abschrift handelt, zeigen schon die Auslassungen im Text selbst. An mehreren Stellen entstanden Lesefehler, indem der Abschreiber beim Kopieren in eine der nachfolgenden Zeilen geriet und bei einer Wortwiederholung fortfuhr. In mehreren Fällen war es möglich, den Stuttgarter Text durch Entnahme der offensichtlich fehlenden Worte aus der klassischen Fassung zu ergänzen und damit den verlorengegangenen Sinn der betreffenden Phrasen wieder herzustellen. Bei sorgfältigem Studium wirkt die Stuttgarter Handschrift wie eine rasch gefertigte, im großen und ganzen aber fehlerfreie Kopie ohne nennenswerte Auslassungen. Sie ist leider nur ein Fragment in recht schlechtem Zustande. Besonders an den Blatträndern wurde das Büchlein durch häufigen Gebrauch stark in Mitleidenschaft gezogen. Aber während der hierdurch hervorgerufene Textverlust nur unbeachtlich ist, sind die Beschädigungen auf dem letzten Blatt erheblich. Die Handschrift bricht unvermittelt im Satz ab. Es dürfte jedoch kaum mehr als ein Blatt, dessen Text weitgehend rekonstruierbar ist, verlorengegangen sein.

Die Zeichenlehre des Freiherrn Kuno zu Winenburg und Beilstein würde es wahrscheinlich nicht verdient haben, neben der bereits gewürdigten klassischen Fassung im Wortlaut noch einmal vollständig abgedruckt zu werden, wenn es sich nur um eine freier gestaltete Wiedergabe des ursprünglichen Textes gehandelt hätte. Ihr Wert besteht aber weit weniger in der sprachlichen Neuformung des übernommenen Inhalts als in den sehr beträchtlichen Textüberschüssen. Es scheint, daß der Verfasser ursprünglich nicht die Absicht hatte, sich so eng an die ihm vorliegende Handschrift zu halten, wie es im weiteren Verlauf seiner Arbeit geschah. Er strebte jedenfalls zu Anfang nach einer durchaus originellen Behandlung seines Themas. Die im vorliegenden Druck dem Text beigegebenen Konkordanzangaben lassen erkennen, daß die ersten 12 von insgesamt 25 uns erhaltenen Kapiteln so gut wie keine Berührungspunkte mit der klassischen Zeichenlehre aufweisen und deshalb als echte Bereicherung aufgefaßt werden dürfen. Was Kuno zu Winenburg und Beilstein hier ausführte, verdient deshalb besonderer Beachtung. Sein Stil ist wesentlich gewählter und gewandter als der der Münchener Fassung Hugo Wittenwillers. Die Stuttgarter Handschrift ist außerdem aber eine wertvolle Quelle zur Geschichte des jagdlichen Brauchtums — hingewiesen sei beispielsweise auf die aufschlußreichen Angaben über das Verbrechen einer vom Leithund aufgenommenen Fährte in Kapitel 11 —, wie sie überhaupt einen besseren Einblick in die Technik der deutschen Jagd auf Rotwild gegen Ende des 15. Jahrhunderts vermittelt als alle unsere sonstigen, freilich recht spärlichen Quellen aus jener Zeit. Vor allem geht aus ihr die hohe Bedeutung der Vorsuche für den Jagdbetrieb hervor. Zugleich aber sei auf den Wert dieser Arbeit für die Geschichte der jagdlichen Standessprache hingewiesen, da uns in ihr eine stattliche Zahl von Fachausdrücken und Redewendungen begegnet, die im klassischen Text in Anbetracht der engeren Bearbeitung des Themas noch fehlen.

Im zweiten Teil seiner Arbeit, in den Kapiteln 13—25, lehnte sich der Verfasser eng an seine Vorlage an. Im großen und ganzen decken sich diese Abschnitte mit den Parallelstellen der älteren „Lehre von den Zeichen des Hirsches“. Zwar folgte Kuno zu Winenburg und Beilstein nur selten seiner Quelle wörtlich. Ihm scheint mehr daran gelegen zu haben, sinngemäß das gleiche zu sagen, was in seiner Vorlage zum Ausdruck kam. Dabei schloß er sich ihr auch inhaltlich nicht sklavisch an. Diese freie Bearbeitung des klassischen Textes erschwert die Einordnung der von ihm benutzten Handschrift in den zuvor entwickelten Stammbaum der Texte. Auf jeden Fall gehörte seine Vorlage nicht zur bächlen-(y^1-)Gruppe. Da wir das Kapitel 17a der x^2-Gruppe der klassischen Texte vermissen, die starken Zusammenziehungen der x^4-Gruppe sich aber in der Stuttgarter Handschrift nicht widerspiegeln, scheint die Annahme gerechtfertigt zu sein, daß die Quelle für diese Bearbeitung dem Original der klassischen Zeichenlehre verhältnismäßig nahestand. Möglicherweise ist sie mit x^1 identisch gewesen. In diesem Falle waren die neu gebildeten Überschriften der Stuttgarter Handschrift, die ohnedies denen in A weder der Zahl noch dem Wortlaut nach entsprechen, als eine im Zuge der Bearbeitung erfolgte Zutat Kuno zu Winenburg und Beilsteins aufzufassen. Wir würden den Standort des von ihm benutzten klassischen Textes leichter bestimmen können, wenn uns der Schluß der Stuttgarter Handschrift nicht verlorengegangen wäre. Das Fehlen oder Erscheinen bestimmter Zusätze, wie sie uns vorzugsweise am Ende der Handschriften des Grundtextes überliefert sind, hätte als zuverlässiges Kennzeichen bei der Bestimmung der Verwandtschaftsverhältnisse dienen können.

Daß Kuno zu Winenburg und Beilsteins Arbeit wesentlich umfangreicher war als das erhaltene Fragment, ist unwahrscheinlich. Zwar wäre dem offensichtlich erfahrenen und zugleich literarisch interessierten Edelmann eine umfassendere Darstellung der Rotwildjagd wohl zuzutrauen gewesen, aber gegen einen möglicherweise umfangreicheren Schlußteil, in dem ebensogut selbständige Gedanken des Verfassers ihren Niederschlag gefunden haben konnten wie am Anfang, spricht der Titel, den der Verfasser seiner Arbeit gab, im übrigen aber die Stuttgarter Handschrift selbst, die einen bedeutenden Textverlust nicht erkennen läßt. Aus der klassischen Zeichenlehre fehlen uns Entsprechungen für die Kapitel 22—24, die, wie wir sahen, im Gegensatz zu A im Urtext den Schluß gebildet haben müssen. Sie standen deshalb wohl auch in der Stuttgarter Handschrift am Ende.

Durch eine eigenwillige und unbegründete Umstellung im Text, die Rudolf von Wagner vornahm — er setzte den Schluß des Kapitels 8 (S. 11^{1-2}) hinter den ersten Abschnitt des 5. Kapitels — wurde leider in seiner Veröffentlichung der Stuttgarter Zeichenlehre die klare Gliederung des Werkes verwischt. Im Gegensatz zur klassischen Fassung der „Lehre von den Zeichen des Hirsches" beschäftigte den Freiherrn Kuno zu Winenburg und Beilstein die Frage, woran man einen Hirsch erkennen könne, wenn auf trockenem oder steinigem Boden der Trittsiegel fehlte. Seine Antwort gab er in den Kapiteln 5—8. Der Schluß des Kapitels 8, der keineswegs eine Verschiebung im Text verträgt, bildet den Übergang zu jenen Zeichen, die vornehmlich aus der Fährte zu lesen sind.

VII

Zwei der abgeleiteten Texte, deren Entstehung ins Ende des 16. Jahrhunderts fällt, verlangen eine gemeinsame Behandlung, allerdings weniger wegen der zeitlichen Zusammengehörigkeit als um ihrer inhaltlichen Berührungspunkte willen. Sie sind beide bisher weder bibliographisch erfaßt noch veröffentlicht worden. Im jagdgeschichtlichen Schrifttum haben sie nirgends Erwähnung gefunden:

T Stuttgart, Württembergische Landesbibliothek, Cod. cam. et oec. qu./oct. 9 „Gewise Experiment vnd Kunststück, welcher Lust vnnd Liebe hette ein guter Waydtman zu werden". Papier, 16. Jahrhundert.

U Neuenstein, Bibliothek Hohenlohe des Hohenloheschen Zentral-Archivs, Nr. W. 5, Pergament, 16. Jahrhundert.

Der Stuttgarter Codex gehört in die zweite Hälfte des 16. Jahrhunderts. Er beginnt mit der hier erstmalig wiedergegebenen Fassung der „Lehre von den Zeichen des Hirsches" (fol. 1 r bis 17 r) und fährt mit der Wiedergabe zahlreicher Weidsprüche und Jägerschreie in der üblichen Frage-und-Antwort-Form fort (fol. 17 r—27 r). Das Ende des jagdlichen Teiles bilden Ratschläge für den Fuchsfang (fol. 28 r—29 v) und Verhaltungsmaßregeln beim Biß tollwütiger Hunde (fol. 29 v—31 r). Angehängt sind verschiedene Traktate, deren Selbständigkeit durch zwischengeschaltete unbeschriebene Blätter betont wird. Sie stammen offensichtlich von anderer Hand, sind jüngeren Datums und ohne jagdgeschichtliches Interesse. Den Schluß bildet ein consilium medicum, datiert Heilbronn den 8. Juni 1653. Einen Hinweis, in welche Zeit die in dieser Handschrift festgehaltene „Lehre von den Zeichen des Hirsches" gehört, gibt das auf der Titelseite nach Art eines Exlibris aufgeklebte Wappen des Johann Christoph Wolfskeel mit dem Vermerk „Anno Christi 1594. Aetat. suae 49. 18. April". Dieser Johann Christoph Wolfskeel war aber nicht der Verfasser, sondern nur der zeitweilige Besitzer des kleinen Jagdbuches. Als leidenschaftlicher Bilder- und Büchersammler scheint er es im Jahre 1643 erworben zu haben[47]). Da wir den wirklichen Urheber nicht kennen und nur durch den Inhalt der Abhandlung auf seine Person schließen können, ist es um der leichteren Unterscheidung der beiden Stuttgarter Derivattexte der Zeichenlehre willen wohl angebracht, von der Wolfskeelschen Fassung neben der des Freiherrn zu Winenburg und Beilstein zu sprechen. Durch den Hinweis auf Heilbronn ist unser Text räumlich zur Genüge bestimmt.

---

[47]) Wir sind über Wolfskeels Leben gut unterrichtet. Er wurde 1594 als Sohn des Abraham Wolfskeel in Speyer geboren, weilte nach Abschluß seiner Studien an der Universität Heidelberg als Hofmeister eines Herrn von Berlichingen einige Zeit in Frankreich und ergriff dann den Beruf eines notarius caes. publicus. Am 25. Oktober 1636 ließ er den Heilbronner Rat wissen, er hätte Lust, die Witwe des Christoph Riedmüller zu heiraten, wenn er das Bürgerrecht erhalte. Nachdem ihm dies am gleichen Tag zugesichert worden war, fand die Heirat am 15. November 1636 statt. Die Ehe war aber nicht von Bestand. Nachdem Wolfskeel Ostern 1638 bei Gericht zugelassen worden war, heiratete er am 12. Juni 1638 ein zweites Mal, diesmal als kaiserlicher Notar und Notar am Heilbronner Stadtgericht die Witwe des Jörg Christoph Müller. Diese Ehe war aber nicht glücklicher. Wolfskeels Sammlerleidenschaft brachte sie ebenfalls zum scheitern, so daß am 28. November 1646 die Scheidung ausgesprochen werden mußte. Am 2. Januar 1650 zog Wolfskeel

Der hier zum Abdruck gebrachte Wolfskeelsche Text lehnt sich eng an die handschriftliche Vorlage an. Mit einer gewissen Willkür wechselte der Schreiber zwischen großen und kleinen Buchstaben, die jedoch unverändert übernommen wurden, um dem Charakter des Originals möglichst nahezukommen. Dagegen bedurfte es einer gewissen Korrektur bei der überreichen Zahl von Kommas, die teils durch Punkt oder Semikolon ersetzt wurden, teils ganz entfallen konnten.

Ungefähr zur gleichen Zeit wie der Wolfskeelsche Codex, sicherlich aber noch im 16. Jahrhundert, dürfte die im Besitz der Fürsten Hohenlohe befindliche Neuensteinsche Pergamenthandschrift entstanden sein, über deren Alter wir leider noch weniger wissen, da jeder Hinweis auf Ort oder Zeit der Entstehung fehlt. Ihre Bedeutung für die Geschichte der deutschen Jagdliteratur ist kaum zu überschätzen und für die Beurteilung der deutschen Jagdtechnik des 16. Jahrhunderts gewiß nicht weniger wertvoll als das Ms. 354.8⁰ der Universitätsbibliothek München für das vorhergehende. Wir Deutschen sind keineswegs reich an originellen Jagdbüchern zu dieser Zeit, zumal sich in den letzten beiden Jahrzehnten

---

in den Rat der Stadt Heilbronn ein, mußte zugleich allerdings seine Anwaltspraxis aufgeben. Am 26. April 1653 heiratete er zum dritten Mal, diesmal die Witwe des Michael Schweizer. Wolfskeel starb kinderlos im Alter von 68 Jahren und wurde am 8. August 1662 in Heilbronn beerdigt. Seine Witwe ging schon im nachfolgenden Jahr mit dem Pfarrer M. Johann Jakob Knaur in Dürrenzimmern bei Brackenheim eine neue Ehe ein. Wolfskeel schuf eine große Bücher- und Bildersammlung, in der sich 1000—1100 Bände und mehr als 400 Kupferstiche, meist Porträts, befunden haben müssen. Er war sehr stolz auf seine Bibliothek, doch ist unbekannt, wohin diese gelangte. Zu ihr gehörte einstmals auch der uns hier beschäftigende Traktat. Da wir wissen, daß Wolfskeel einige Schenkungen an den Herzog von Württemberg machte — so erhielt er von diesem 1656 zwölf Eimer Wein für zwei Gemälde —, ist nicht ausgeschlossen, daß auch das Jagdbüchlein auf diesem Wege in herzoglich-württembergischen Besitz und somit in die Württembergische Landesbibliothek gelangte.

des 16. Jahrhunderts der Einfluß des französischen Schrifttums schon mit Nachdruck geltend machte und viel vom nationalen Gepräge nahm. Um so wünschenswerter muß es erscheinen, im Interesse der deutschen jagdhistorischen Forschung, aber auch der Sprachwissenschaft gerade jene Dokumente zugänglich zu machen, in denen sich deutsche jagdliche Technik, deutsches Sprachgut und deutsches Brauchtum unverfälscht offenbaren. Von der Hohenloheschen Handschrift erfolgt hier nur eine Wiedergabe von rund einem Viertel des Gesamttextes, der die „Lehre von den Zeichen des Hirsches" behandelt. Die übrigen Teile bleiben einer nachfolgenden Veröffentlichung vorbehalten.

Das Kapitel 1 (fol. 1r—2v) und die Kapitel 3—41 (fol. 5r bis 16r) behandeln die Zeichenlehre, das Kapitel 2 enthält (fol. 3r bis 4v) Jägerschreie. Es findet Aufnahme in einer vorbereiteten Zusammenstellung aller überlieferten deutschen Jägersprüche und Weidschreie vom Mittelalter bis zum 17. Jahrhundert. Die Kapitel 42—64 (fol. 17r—29r) sind von der Zeichenlehre unabhängigen Fragen der Jagd auf Rotwild gewidmet, wobei die Hirschlecke (Kap. 42—53 und 57) im Mittelpunkt der Betrachtungen steht, aber auch Methoden der Tarnung (Kap. 58 und 59) anschaulich beschrieben werden. Die übrigen jagdlichen Angaben sind an den wichtigsten Haarwildarten orientiert und betreffen Rehwild (Kap. 65—68, fol. 29r—30v), Wildschwein (Kap.69 bis 71, fol. 30v—32r), Bär (Kap. 72—74, fol. 32r—35v), Wolf (Kap. 75—79, fol. 36r—37v), Luchs (Kap. 80, fol. 37v—38r), Fuchs (Kap. 81—95, fol. 38r—45v) und Hase (Kap. 96—106, fol. 45v—50v). Nichts wird über die Jagd auf Federwild, die Beize und den Vogelfang gesagt.

Leider fehlt in der interessanten Hohenlohe'schen Handschrift jeder Hinweis auf den Verfasser. Viel spricht dafür, daß wir ihn im Kreis der Berufsjäger zu suchen haben. Der Inhalt des kleinen Werkes entspricht im wesentlichen dem Wissen des „gelernten" Jägers. Das unpaginierte Pergamentmanuskript ist in schöner

Fraktur geschrieben und konnte, der sauberen und sorgfältigen Schrift nach zu urteilen, sehr wohl als Geschenk für eine höhergestellte Person gedacht gewesen sein. Schrift und Ausdruck sprechen für seine Entstehung im 16. Jahrhundert, während der Inhalt bereits an die deutsche Jagdliteratur des 17. Jahrhunderts erinnert. Dieser Vorbehalt sagt freilich nur wenig aus, da wir während der Zeit von reichlich hundert Jahren, d. h. von der Mitte des 15. bis zur zweiten Hälfte des 16. Jahrhunderts, überhaupt kein originelles deutsches Jagdbuch kennen, welches vorzugsweise den in der Hohenloheschen Handschrift behandelten Fragen gewidmet ist. Das deutschsprachige Schrifttum dieser Zeit stand durchaus unter französischem Einfluß. Es ist deshalb bis zur völligen Erschließung der handschriftlichen Quellen nicht zu sagen, inwieweit die für das Ende des 17. Jahrhunderts gültigen, beispielsweise durch Hohberg oder Täntzer sehr anschaulich geschilderten Formen der Jagdtechnik schon für die vorhergehende, bislang nur wenig erschlossene Zeit charakteristisch waren. Sehen wir von den Vorlagen ab, auf die der Verfasser der Hohenloheschen Handschrift bei der „Lehre von den Zeichen des Hirsches" zurückgriff, scheint er literarische Quellen bei Abfassung seines Buches nicht benutzt zu haben.

Zur Wiedergabe des Hohenloheschen Textes sind einige Hinweise notwendig, da sich ihr durch die Eigenart des Schreibers einige Schwierigkeiten entgegenstellten. Während es stets als Grundsatz galt, der Vorlage genau zu folgen, konnte hier diesem Prinzip nicht unbedingt entsprochen werden. Der Schreiber nahm sich größte Freiheit in der Anwendung großer und kleiner Buchstaben, setzte also sehr häufig eine Majuskel, wo eine Minuskel am Platz gewesen wäre und umgekehrt. Dies hätte wohl noch verschmerzt werden können, wenn nicht bei einer Anzahl von Buchstaben wie a, k und z die Majuskel ganz fehlen würde. Das s am Anfang eines Wortes kann vielfach groß oder klein gemeint sein. Auch u und ü sind in der Schrift nicht unterschieden. Ein und dasselbe Schriftzeichen wurde beispielsweise für den Anlaut bei jst, Jäger oder Jnsigel verwendet. Es mußte deshalb im Zuge der Transkription entschieden werden, welcher Buchstabe im Einzelfall mutmaßlich gemeint war. In allen Fällen, in denen Unklarheit bestand, ob der Schreiber Majuskel oder Minuskel setzen wollte, wurde einheitlich im Druck ein kleiner Buchstabe gewählt. Die Hohenlohesche Handschrift kennt ferner als Satzzeichen nur Kommas. Auch hier wurde um der Klarheit des Textes willen korrigierend eingegriffen.

Ehe wir zu einer Prüfung des Verhältnisses der Wolfskeelschen und der Hohenloheschen Handschrift zur klassischen „Lehre von den Zeichen des Hirsches" kommen, bedarf es einer Feststellung, die in erster Linie Anlaß gab, diese beiden Derivattexte gemeinsam zu behandeln.

Von der „Lehre von den Zeichen des Hirsches", die zu den fundamentalen Bestandteilen des Berufswissens eines jeden Jägers gehörte und deren Weitergabe wir uns in erster Linie in mündlicher Tradition in der Form einer Spruchweisheit zu denken haben, muß spätestens im Laufe des 16. Jahrhunderts — möglicherweise aber auch schon früher — eine von der klassischen Fassung durchaus unabhängigen Niederschrift erfolgt sein, die fortan neben dem alten Text kursierte. Diese „jüngere Zeichenlehre" wurde von den Verfassern der beiden im übrigen nicht verwandten Handschriften benutzt. Sie bildet gleichsam das Bindeglied zwischen ihnen.

Es ist bislang keine Handschrift bekannt, die nur die jüngere „Lehre von den Zeichen des Hirsches" enthält, aber es wäre keineswegs überraschend, wenn sie früher oder später irgendwo auftauchen würde. Sie ist sicher als kleiner selbständiger Traktat in Umlauf gewesen, da sie sonst kaum in zwei so eigenwilligen Arbeiten wie den hier vorliegenden inhaltsgleich hätte erscheinen können.

Wir kennen von der „jüngeren Zeichenlehre" zwei Versionen, eine umfassendere und eine gekürzte, da beide in der Hohenloheschen Handschrift erscheinen. Charakteristisch für diesen vorläufig nur aus unseren jüngeren Bearbeitungen rekonstruierbaren Text ist die Gegenüberstellung der „Gestalt eines Hirschfußes" mit der „Gestalt eines Wildfußes". Er findet sich ausgeweitet im ersten Kapitel, zusammengeschnitten im vierten und fünften Kapitel der Hohenloheschen Handschrift. Ihm entsprechen das zweite und dritte Kapitel der Wolfskeelschen Fassung der Zeichenlehre. Solange uns der Urtext fehlt, bleibt offen, welche Version die ursprüngliche ist. Einiges spricht dafür, daß die erweiterte Form, die mit dem ersten Kapitel der Hohenloheschen Handschrift identisch ist, Anspruch hat, als solche zu gelten. Denn nur hier begegnet uns die „jüngere Zeichenlehre" selbständig, also ohne äußeren Zusammenhang mit der klassischen Fassung. An sie schließen sich in der Hohenloheschen Handschrift Weidsprüche an, die ihrem Wesen nach etwas durchaus Andersartiges darstellen. Erst hierauf folgt die eigentliche Beschreibung der Zeichen, wobei die an die Spitze gestellten Kapitel 4 und 5 nur ein offensichtlich unabhängig entstandenes Excerpt des in Kapitel 1 ungekürzt gebrachten Traktats sind. Der Wolfskeelsche Text nimmt eine Mittelstellung zwischen den beiden Hohenloheschen Fassungen ein, er ist nicht so ausführlich wie die erweiterte, aber auch nicht so zusammengeschnitten wie die gekürzte in der Neuensteiner Handschrift[48]).

---

[48]) Es ergibt sich folgende Konkordanztabelle:

Hohenlohe (Neuenstein Nr. W. 5)		Wolfskeel (Stuttgart Cod. cam. et oec. qu./oct. 9)	
Kap. 1 links Ziffer	1	Kap. 2 Ziffer	1 und 2
	2		3 und 4
	3		5
	4		6
	5		7

Es scheint, daß dem Verfasser der „jüngeren Zeichenlehre“ die klassische Fassung nicht bekannt war, jedenfalls lassen Wortlaut und Aufbau des kleinen Traktats keine Berührungspunkte erkennen. In diesem jüngeren Text finden wir allerdings das Thema sehr viel einseitiger behandelt. Es werden nur wenige Zeichen, vornehmlich solche, die sich aus Größe und Form des Unterlaufes ergeben, allerdings auch Zwang und Weite des Schrittes ausführlich besprochen. Dagegen fehlen die übrigen zunftgerechten Trittzeichen vollkommen, ganz abgesehen davon, daß die sonstigen Fährtenzeichen, wie das Plätzen, das Fegen, das Himmelszeichen, die Losung oder das Nässen überhaupt nicht erwähnt sind.

Immerhin dürfen für die Geschichte der deutschen Jagdliteratur die Rekonstruktion und Wiederentdeckung dieser im Original

---

Hohenlohe (Neuenstein Nr. W. 5)	Wolfskeel (Stuttgart Cod. cam. et oec. qu./oct. 9)
Kap. 1 links Ziffer 6	Kap. 2 Ziffer ohne Entsprechung
7	8
8	9 und 10
9	11
10	12 bis 15
11	16 und 17
12	18 und 19
Kap. 1 rechts Ziffer 1	Kap. 3 Ziffer 1 und 2
2	3
3	4
4	6
5	7
6	10
7	8
8	9
9	11
10	ohne Entsprechung
11 Abs. 2	13
12	14

vielleicht verlorengegangenen, möglicherweise auch noch nicht wiederaufgefundenen jüngeren „Lehre von den Zeichen des Hirsches" hohes Interesse beanspruchen. Die erneute, von der klassischen Vorlage unabhängige Beschäftigung mit diesem Fragenkreis im Rahmen des an lehrhaften jagdlichen Arbeiten armen deutschen Schrifttums beweist, welch integrierender Bestandteil des Zunftwissens die Zeichenlehre war.

Es bleibt uns nunmehr noch die Aufgabe, das Verhältnis der beiden Derivattexte zu der unseren Betrachtungen zugrunde liegenden Originalfassung zu klären. Der Grad der verwandtschaftlichen Nähe ist durchaus unterschiedlich und zeigt, daß der Wolfskeelsche und der Hohenlohesche Text nichts Gemeinsames haben, sofern man von der sie verbindenden „jüngeren Zeichenlehre" absieht.

Während es für die Bearbeitung des Freiherrn Kuno zu Winenburg und Beilstein kennzeichnend war, daß die erste Hälfte des kleinen Werkes hohe Selbständigkeit verriet und die zweite in enger Anlehnung an die klassische „Lehre von den Zeichen des Hirsches" entstand, zeigt der Wolfskeelsche Text gerade das Gegenteil: An die an den Anfang gestellte „jüngere Zeichenlehre" schließt sich ungeachtet der sich daraus ergebenden Überschneidungen der klassische Text unmittelbar an. Er umfaßt, abgesehen vom Kapitel 1, die Kapitel 6—18[49]).

[49]) Es ergibt sich folgende Konkordanztabelle:

Wolfskeel (Stuttgart Cod. cam. et oec. qu/oct. 9)	Klassischer Text (München Cgm 558)
Kap. 1	Kap. 22
Kap. 6	Kap. 19
Kap. 7	Kap. 21
Kap. 8 erste Hälfte	Kap. 3
Kap. 9	Kap. 4
Kap. 10	Kap. 1 und 2
Kap. 11	Kap. 5 bis 7
Kap. 12	Kap. 8

Ein Textvergleich gibt einige recht überraschende Aufschlüsse. Der Verfasser der Wolfskeelschen Handschrift ging insofern mit seiner Vorlage recht willkürlich um, als er sich um deren Aufbau nur wenig kümmerte und die einzelnen Kapitel nach eigenem Ermessen aneinanderreihte. Daß er dabei das klassische Schlußkapitel (Cgm. 558, Kap. 22) an den Anfang stellte, ist noch am ehesten verzeihlich, da der darin ausgesprochene Appell an beiden Stellen als passend empfunden werden konnte. Sprachlich entfernte er sich so weit von seiner Vorlage, daß im Hinblick auf den stark geänderten Wortlaut eine genetische Einordnung der von ihm benutzten Handschrift nicht leicht möglich gewesen wäre, wenn uns nicht die in Kapitel III unserer Darlegungen herausgearbeiteten Kennzeichen für die einzelnen Handschriftenstämme eine nähere Bestimmung gestatten würden. Der Text der klassischen Zeichenlehre, den der Verfasser der Wolfskeelschen Handschrift benutzt hat, muß der von x^4 abgeleiteten Gruppe nahegestanden haben. Auffällig ist schon bei oberflächlicher Durchsicht die sehr verkürzte Wiedergabe des ursprünglichen Textes, die zu den Hauptmerkmalen der von x^4 abhängigen Fassungen gehört. Am nächsten ist K der Wolfskeelschen Vorlage verwandt. Dies ergibt sich schon aus der Ähnlichkeit der Überschrift von Kapitel 10 bei Wolfskeel mit der Parallelstelle in „Jägerkunst

Wolfskeel (Stuttgart Cod. cam. et oec. qu/oct. 9)	Klassischer Text (München Cgm 558)
Kap. 13	Kap. 9 bis 14
Kap. 14	Kap. 15
Kap. 16	Kap. 18
Kap. 17	Kap. 16 und 4 (teilweise)
Kap. 18	Kap. 24 und 25
Kap. 19	Kap. 26 und 27
	(Wolfenbüttel Hs. 67. 3. Aug. 8°)
Kap. 15	Kap. 39, 40 und 36
	(Jägerkunst vnd Waidgeschrey 1610)
Kap. 22	Kap. 15a

vnd Waidgeschrey", Nürnberg 1610[50]). Noch nachdrücklicher wird die Zusammengehörigkeit durch das nur diesem Druck eigene Kapitel 15a betont, das uns in der Wolfskeelschen Handschrift als Kapitel 20 begegnet. Auch die in Kapitel 15 bei Wolfskeel zusammengefaßten Zusatzkapitel 39, 40 und 36 der Urfassung sind nur in den von x^4 abhängigen Texten festzustellen. Daß die übrigen Zusätze zu GJ bei Wolfskeel fehlen, spricht dafür, daß wir eine mehreren Vorlagen entnommene Zusammenstellung zu sehen haben. Nicht alle Kapitel des Originals haben bei Wolfskeel eine Entsprechung. Daß zu diesen Auslassungen auch das Kapitel 20 gehört, das allen x^4-abhängigen Texten fehlt, ist wohl die sicherste Bestätigung unserer Annahme[51]).

Es kann allerdings nicht unbeachtet bleiben, daß zwei Stellen auf eine Beziehung zur Textgruppe x^2 hinweisen. Im Wolfskeelschen Kapitel 18 heißt es in bezug auf die Hirschlosung „henget aneinander wie ein Pater Noster". Die Erwähnung des Paternosters kennen wir nur bei der Gruppe DEH. Das gleiche gilt für den Hinweis, daß Faulbaumlaub nur vom Hirsch als Äsung angenommen werde, es sei denn, die Hindin trage ein Hirschkalb. Diese Feststellung findet sich im Kapitel 17a, welches ebenfalls nur DEH eigen ist, außerdem aber im Kapitel 20 bei Wolfskeel. Für diese Überschneidungen der Typika zweier durchaus charakteristischer Textstämme scheint es zunächst keine rechte Erklärung zu geben. Sie werden aber verständlich, wenn man innerhalb des Berufsjägertums eine starke mündliche Tradition vermutet. In das als Spruchweisheit fortgeerbte Wissen gingen natürlich Bestandteile verschiedener Texte ein. Gerade der Hinweis

---

[50]) s. S. 160 u. 41.

[51]) Zu vermissen ist nur eine Parallele zum klassischen Kapitel 17 — das offenbar nur entfiel, weil der Verfasser durch die Wiedergabe der zweiten Hälfte des Kapitels 4, die er statt dessen anschloß, das Gleiche gesagt zu haben vermeinte — und zu dem inhaltlich wohl als überholt empfundenen klassischen Kapitel 23.

auf die Ähnlichkeit der Hirschlosung mit einem Rosenkranz war so einprägsam, daß er dem Verfasser eines neuen „Lehrbuchs" bei der Niederschrift seines Werkchens einfließen konnte, auch wenn er ihn nicht in der unmittelbar bei der Arbeit herangezogenen Vorlage fand. Ähnlich dürfen wir wohl den Faulbaumtext erklären, der zudem im Wortlaut mit dem klassischen Kapitel 17a kaum Berührungspunkte aufweist.

Der literaturgeschichtliche Wert der Wolfskeelschen Handschrift wird durch den offenbar originellen Schlußteil bestimmt. Freilich bedarf der Begriff der Originalität insofern einer Einschränkung, als es sich weniger um eine selbständige geistige Leistung des Verfassers als um eine Niederschrift ohne Benutzung weiterer Vorlagen handelt. Das uns hier Dargebotene darf unbedenklich als Ausdruck des in Zunftregeln gefaßten Berufswissens der Zeit angesehen werden[52]). Was dem Jägerburschen während seiner Lehrjahre eingeprägt wurde, hatte in diesem kleinen Traktat seine sorgfältige Aufzeichnung gefunden. Gerade der Inhalt des zweiten Teiles bestätigt die Annahme, daß wir in Johann Christoph Wolfkeel nicht den Verfasser, sondern nur einen der ersten Besitzer des Büchleins zu sehen haben. Bei einem Mitglied des städtischen Rats zu Heilbronn konnte kaum jenes fast formelmäßige Wissen vermutet werden, wie es uns in diesem von der „älteren Zeichenlehre" unabhängigen Teil offenbart wird. Alles spricht dafür, daß der Verfasser des Werkes ein Berufsjäger war. Dies ergibt sich überdies recht deutlich aus dem frischen und in seiner Art einmaligen Kapitel 24, in dem teils Klage über Mißstände der Zeit geführt wird, teils echte Weidgerechtigkeit zum

[52]) Dieses Berufswissen muß teilweise von ausgeprägter Formelhaftigkeit gewesen sein, so daß sich altertümliche Bestandteile sehr lange Zeit forterben konnten. In dem sehr frei gestalteten Kapitel 24 der Wolfskeelschen Handschrift finden wir wieder die sprichwortartige Sentenz „es thuets kein wildt mit den ohren", die in Anlehnung an die klassische Zeichenlehre schon in Kapitel 11 erschienen war. Sie läßt sich, wie wir sahen, bis zu Hadamar von Laber zurückverfolgen.

Ausdruck kommt. Nur ein Mann vom Fach, der sowohl die Licht- als auch die Schattenseiten des Jagdbetriebes seiner Zeit kannte, vermochte auszusprechen, was hier gesagt ist: „Darum gilt es, die Augen auf zu tun, wer geringe Hirsche erkennen will. Es sollte mancher Jäger Fürsten und Herren geringe Hirsche zujagen, sie würden sich des Jagens enthalten. Darum sollst du die, die nur nach der Größe jagen, nicht Jäger nennen. Es müssen oft Jäger und Herr ungejagt wieder von Holz ziehen, weil sie die geringen Hirsche nicht ansprechen dürfen und sagen, sie hätten nichts gefunden." Den Schluß der Zeichenlehre bildet in der Wolfskeelschen Handschrift ein inhaltlich schon nicht mehr ganz dazugehöriges Kapitel über die Abrichtung eines jungen Leithundes. Beachtenswert ist, daß auch K, die diesem Text am nächsten verwandte Fassung der klassischen „Lehre von den Zeichen des Hirsches", mit einem Abschnitt „Vom spüren der Laid Hund"[53]), endete. Von der eigentlichen Technik der Jagd erfahren wir in unserem Traktat ebenso wenig wie in der Hohenloheschen Handschrift. Die Anweisungen enden da, wo der bedienstete Berufsjäger mit dem Ausmachen des Wildes, der Vorsuche und dem Bestätigen seine Pflicht erfüllt hatte. Wie sein „Fürst und Herr" anschließend den Hirsch erlegte, konnte kaum noch Lehrgegenstand eines jungen Jägerknechtes sein und stand damit auch außerhalb des hier gezogenen Rahmens. Eine umfassende deskriptive Betrachtung der Jagd hätte einen gänzlich anderen Standpunkt des Verfassers vorausgesetzt. Es gehört zu den empfindlichsten Schwächen der deutschen Jagdliteratur bis ins 18. Jahrhundert, daß Stand und Wissen der meisten der zu Worte gekommenen Autoren zu einer Beschränkung der Darstellung auf die handwerkliche Seite zwang. Deutschlands Jagdschriftsteller erlebten — ganz im Gegensatz zu ihren Kollegen in Frankreich und Spanien — Jagd und Jagdbetrieb mehr von unten als von oben.

---

[53]) Jägerkunst vnd Waidgeschrey, Nürnberg 1610, fol. A V v—A VI r.

Der Einfluß der klassischen „Lehre von den Zeichen des Hirsches“ ist in der Hohenloheschen Handschrift weit weniger spürbar als im Wolfskeelschen Text. Dies ergibt sich aus der anderen Behandlung des Themas. Das Kennzeichnende der Winenburg-Beilsteinschen und der Wolfskeelschen Arbeit sind die Zusätze. Obwohl zwischen beiden Werken keine unmittelbare Abhängigkeit besteht, sind sie ihrem Charakter nach einander enger verwandt als eines von ihnen mit dem Hohenloheschen Text. Ihre Verfasser brachten die klassische Zeichenlehre ungekürzt, wenn auch umgestaltet und frei bearbeitet und erwiesen sich originell in den Ergänzungen, zu denen bei Wolfskeel auch der Einbau der jüngeren Zeichenlehre gehörte. Bei der Hohenloheschen Handschrift ist die Sachlage anders. Ihr Verfasser ging eklektisch vor. Dieses Verfahren darf in diesem Fall wohl unbedenklich zugleich als ein Kriterium für die Bestimmung des Alters dieses Traktats aufgefaßt werden. Er entstand zu einer Zeit, in der man bereits begann, sich teilweise von den im klassischen Text zum Ausdruck gekommenen Auffassungen zu entfernen. Deshalb erinnert die Hohenlohesche Handschrift auch immer wieder an Formulierungen, die wir mit der Jagdliteratur des 17. Jahrhunderts in Verbindung zu bringen gewohnt sind. Ihr Verfasser behandelte die einzelnen Zeichen dem Wissen seiner Zeit entsprechend. Was er z. B. über das Schrenken (Kap. 10), das Blenden (Kap. 12), das Ereilen (Kap. 14) oder den Beitritt (Kap. 16) sagt, hat, wenn man von der thematisch bestimmten Gleichheit des Inhalts absieht, mit der klassischen Zeichenlehre nichts mehr gemeinsam. Seine Formulierungen sind dem Wortlaut nach neu, d. h. von der älteren Vorlage unabhängig. Infolgedessen decken sich auch Zahl und Reihenfolge der ausgewiesenen Zeichen nicht mehr. Durch eine beachtliche Vermehrung derselben wird die Entwicklung der nachfolgenden Zeit bereits deutlich. Neu sind z. B. die Tüpfel (Kap. 6), der Schuh (Kap. 7), die Weite des Schrittes (Kap. 9), das Gewende (Kap. 11), der Nachtritt (Kap. 13), die Kreuzspur

(Kap. 15), die Schere (Kap. 17) und das Hirschbett (Kap. 25). Infolgedessen diente dem Verfasser der Hohenloheschen Handschrift die klassische Zeichenlehre nicht eigentlich als Vorlage. Er benutzte sie mehr als Ergänzung zum bereits Gesagten und ließ dabei all das entfallen, was bereits behandelt war.

Eine Gegenüberstellung der Kapitel, die sich sowohl in der ursprünglichen Fassung als auch in der Hohenloheschen Handschrift finden, zeigt, wie wenig bei dieser eklektrischen Arbeitsweise übernommen wurde. Sie erweckt leider den Anschein, als ob vor allem Wesentliches entfallen und Unbedeutendes hinübergerettet worden sei. Eine solche Beurteilung wäre aber unberechtigt, denn sie ließe unberücksichtigt, daß gerade das Wichtige durch den Verfasser neu formuliert wurde, er also lediglich bestrebt war, Wiederholungen oder Überschneidungen zu vermeiden. Unsere Konkordanztabelle[54]) zeigt daß die Berührungspunkte zum Kernstück der klassischen Lehre kaum zahlreicher

[54]) Es ergeben sich folgende Entsprechungen:

Hohenlohe (Neuenstein Nr. W. 5)	Klassischer Text (einschließlich der Zusätze)
Kap. 18	Kap. 19
Kap. 19	Kap. 3
Kap. 20	Kap. 24
Kap. 21	Kap. 25
Kap. 22—24	Kap. 5
Kap. 26	Kap. 27
Kap. 27	Kap. 7
Kap. 28	Kap. 33
Kap. 30	Kap. 14
Kap. 33	Kap. 17a
Kap. 34	Kap. 15a
Kap. 36	Kap. 47
Kap. 37	Kap. 28 (freie Wiedergabe)
Kap. 38	Kap. 23
Kap. 39	Kap. 44 (teilw.)
Kap. 40	Kap. 1 und teilw. 2

sind als zu den Zusätzen. Wir erhalten damit allerdings auch einen Hinweis, zu welchem Handschriftenstamm der vom Verfasser der Hohenloheschen Handschrift benutzte Text gehört haben muß. Er stand der Gruppe GJK nahe, enthielt aber die gleichen zwei für die x^2-abhängigen Texte kennzeichnenden Einsprengungen[55]), auf die schon bei Besprechung der Vorlage für die Wolfskeelsche Handschrift hingewiesen wurde. Interessant ist immerhin die Feststellung, daß die Verfasser beider Derivattexte, der Wolfskeelschen und der Hohenloheschen Handschrift, die gleiche Fassung der klassischen Zeichenlehre als Vorlage für ihre Arbeiten benutzten.

Einen besonderen Wert erhält die Hohenlohesche Handschrift durch den allein hier unternommenen Versuch, die Besprechung der einzelnen Zeichen soweit wie möglich durch Abbildungen zu ergänzen. Auf einer der zwei nahezu an den Schluß gesetzten Bildtafeln[56]) sehen wir die Unterseite eines Hirschfußes, auf der anderen die wichtigsten Trittzeichen. Da die letzteren sehr anschaulich dargestellt sind, wurden sie vergrößert den dazugehörigen Textstellen in unserem Druck nochmals beigegeben.

VIII

Ungefähr aus der gleichen Zeit wie die Wolfskeelsche und die Hohenlohesche Handschrift stammt der vierte Derivattext, das Jägerbuch des Albrecht Retz, von dem hier erstmalig im Rahmen der jagdwissenschaftlichen Forschung Kenntnis gegeben wird:

V Neuenstein, Bibliothek Hohenlohe des Hohenloheschen Zentral-Archivs Hoh. B. 8/15, Papier. „Ein jäger buch darin

[55]) „hanget an einander recht als ein Pater noster“ (Kap. 20), Faulbaumlaub als ausschließliche Äsung männlichen Rotwilds (Kap. 33).

[56]) Neuenstein, Nr. W. 5, fol. 15r und 15v.

fast alle termani der jäger begriffen durch mich Albrecht Retz jäger beschriben anno 1604".

Mit dieser Handschrift ist uns ein wertvolles Dokument der deutschen Jagdliteratur erhalten geblieben, das in mehrfacher Hinsicht eine Fundgrube für jagdhistorische Studien zu werden verspricht. Geistesgeschichtlich gehört es in eine Reihe mit den beiden im vorhergehenden Kapitel behandelten Texten. Wir sahen schon, daß sich in Deutschland mehr als in den Nachbarländern Berufsjäger veranlaßt fühlten, ihr vorzugsweise formelmäßig erlerntes Fachwissen niederzuschreiben. Lehrbücher jener Art, wie sie hier mit Teilabschnitten erstmalig der Forschung zugänglich gemacht werden, haben Vor- und Nachteile zugleich. Es läßt sich bei ihnen allen nicht übersehen, daß sie aus einer gewissen Enge des Blickfeldes heraus entstanden, daß ihren Verfassern echte schriftstellerische Begabung, Phantasie und geistige Beweglichleit fehlten und daß die Darstellungen oft unter einem Mangel an Kritik gegenüber dem verarbeiteten Stoff und einer ungenügenden Berücksichtigung systematischer Gesichtspunkte litten. Aber die Vorteile, die diesen Mängeln gegenüberstehen, sind nicht gering. All diese Menschen, die hier zur Feder griffen, waren frei von falschem schriftstellerischen Ehrgeiz. Sie versuchten deshalb auch nicht nach Art der gelehrten Kompilatoren ihrer Zeit zusammenzuschreiben, was aufzutreiben war, sondern beschränkten sich im wesentlichen auf die Wiedergabe des eigenen Wissens. Sie benutzten deshalb nur selten fremde Quellen. Was sie uns überliefert haben, war das Wissen deutscher Berufsjäger um die Wende des 16. zum 17. Jahrhundert. Den Kern bildeten in allen Fällen die „Lehre von den Zeichen des Hirsches" und eine beträchtliche Zahl von Weidsprüchen und Jägerschreien. Sofern darüber hinaus auch andere Themen Behandlung fanden, haben wir dies als eine besondere Bereicherung der bescheidenen Überlieferung auf dem Gebiet der Jagdtechnik auf die kleineren Wildarten oder des Vogelfanges anzusehen. Rein naturwissenschaftliche Hinweise fehlen allenthalben so gut wie ganz, dagegen paarte sich mit der kritiklosen Anerkennung des Herkömmlichen eine gute Dosis Aberglauben. Trotz allem bleibt anzuerkennen, daß uns die mit den Namen Wolfskeel, Hohenlohe und Retz verbundenen Handschriften ein überraschend klares Bild vom geistigen Gepräge der deutschen Berufsjäger vor annähernd vier Jahrhunderten vermitteln.

Das Jägerbuch des Albrecht Retz zerfällt in zwei inhaltlich sehr unterschiedliche Teile, eine an den Anfang gestellte, rund zwei Drittel des Umfanges ausmachende lehrhafte Abhandlung und ein sorgfältig geführtes Schußbuch, dem zahlreiche Lebensdaten des Verfassers zu entnehmen sind. Dem ganzen Werk gab Retz einen Untertitel, der in eine Mahnung in Versform mündete:

> „Darin man hersch lehrnet erkennen sampt auch
> schönen waydtsprüchen, die einem waydtman sehr
> nutzlich zum lessen.
> Sohn, zum lehrnen jst dir khein schandt,
> was du nit kanst, begehr zur handt;
> das jst ein schandt, der gahr nichts khan,
> will nichs lehrnen, steth vbel ahn.
> darumb lehrn wayldt noch jung bist, sey nicht faull,
> ehe dir der barth steübt vmb das maull."

Retz schickte seinem Werk folgende an die Glaubenskämpfe seiner Zeit erinnernde Einleitung voraus:

1r Der anfang rechtmessiger vnd Gott wollgefelliger jagten jst beschriben genesis am ersten capittel da stehet: vnd Gott sprach, laß vnß Menschen erschaffen, ein bildt daß vnß gleich sey, die da herschen vber fisch jhm meer vnd vber die vögel vnder dem himel vnd alle thirr vf erden. dar auß ab zue nemen, das strackhs Adam der erst mit seinen nachkomen sich der jagten vnderfangen. wie auch von Nimrodt vnd Esau genessis am 10. vnd 25. cappittel stehet, das sie starckhe ehrfahrne jäger gewessen. vnd jhm buch der könig jhm 4. cappittel, das Solloman hersch, wildt vnd anderst der gleichen an grosser anzall zur hoffhaltung hab jagen vnd vf fangen lassen. so sein auch alte historien der kaysser, könig, fürsten vnd herrn, so sich der jagten beflissen, voll vnd etliche bücher von der jagten außgangen vnd geschriben worden, darinn mich Gott auch gesetzt vnd darzue erschaffen.

Albrecht Retz Jäger.

An diese ein wenig anmaßend klingende Einführung schloß der Verfasser einige recht amüsante Jägerregeln in Gedichtform an, die wegen ihrer Originalität hier nicht fehlen sollen:

Waydtman wildt du ein jäger sein, 1v
so mustu wissen das jäger lattein,
ohn das kompstu manchmal zue spath,
so du dich gesellest zue der jäger rath,
das gib jch dir ein gutten bericht
jhn diessem nachvolgendem gedicht:

Waydtman, du seyest alt oder jung,
hab acht vf des hersch wandlung.
darzue muestu ein laidthundt han,
der dir die farth nit thut vbergahn,
sonder dieselb jhm windt verfang
vnd fleissig der förth hin nach gang.
schläg, röther, sames[57]) nim woll acht
da esset sich roth wildth bey der nacht.
wo hersch vnd wildt sich han berandt
vnd darnach thun den jederichen[58]) standt.
zue dickhern[59]) vnd vorhöltzern hin

[57]) Schläge, Rodungen und Saat.

[58]) s. Anmerkung 98 S. 217.

[59]) Dickungen.

da steth darnach das hersches sinn. ||
2r das wildt gehren zue dickhin ein kreygt,
der hersch aber die raysser scheüht.
das macht sein jung vnd waych gehörn,
alt wäg vnd steg, die schleüfft er gerhn.
hatt er dan was frisch abgeschlagen,
thutt jhn gewiß vor der nacht jagen.
jst aber ein spinweb darin gewachsen
so thue die färth gar baldt verlassen.
es hingen dan taw dröpfflin darin(en)
so mueß es zaittlich geschehen sien
nimpt dan dein hundt die farth ahn,
so hant ers gewiß die nacht gethan.
hatt er dan gethan den *widergang*,
so säumpt er sich darnach nit lang
vnd bestattet sich jhn ein dickhe heckhen,
darein thutt er sich versteckhen.
so zeüg jhm nach mit deinem hundt,
der würdt dan vast woll thun kundt,
wo die farth zum waldt hin geth,
sich der hersch gedrückhnet hett. ||
2v alls dan nim acht ob allen dingen.
das hersch *blenden* vnd auch *zwingen*;
das *nässlein* vnd *fädelein*
sollen dir nit auß dem sin sein.
das *kreützlein*, *abdritt*, *beydritt*,
das *geschrenckh* thutt er zue jeder zaitt.
er gehe, lauff hin, straß, berg vnd thall
so zaigt ers burtz oder *burgstall*.
wan es schon wer vff kissem[60]) grundt,
erzaigt sich doch burgstall all stundt.

---

[60]) kiesigem

jst die farth jhm hartten gang,
aufs widerletz mach dein gedanckh,
dritt er jhn ein feüchten koth,
das jhnsigel sein gemelth hatt.
das jst der jäger recht lattein.
das röhrren mueß darin verfasset sein,
das thut er jhn den wälden gehrn,
so er seines luests nicht will empberen.
so du [die] zaychen hast gefunden, ||
dan zieg jhm nach mit deinen hunden
haimlich vnd still ahn einigen bracht[61]).
der förth, der nim gar eben acht,
zeücht sich jhn ein reühe[62]) hinein,
so soltu nun das gewiß sein:
der hersch von dannen nicht fehrn steth,
zeüg ahn die dickhe still vnd layß,
verbrich die farth mit einem rayß
vnd schlag vmb auff die rechte handt,
würdt dir die farth nit wider bekandt
biß ahn den bruch, den du hast gethan,
der hersch thutt gewiß darjhn stahn.
hast sonst noch manchen vnderschaidt,
will jch dem jäger nit zue laidt,
einem alhirr offenbarren,
der jäger würdts wohl selbst erfahren.

In diesem Gedicht, das wohl am besten „Das Jägerlatein" betitelt würde — dies Wort allerdings nicht im Sinn scherzhafter Übertreibung und gutmütig aufschneiderischer Lügenhaftigkeit gebraucht, sondern als Ausdruck unerläßlichen Berufswissens verstanden — rückte Retz die Zeichenlehre als das Kernstück aller

---

[61]) Lärm, Krach

[62]) rauhe Gegend, Dickung

jagdlichen Erfahrung in den Mittelpunkt seiner Betrachtungen. In den keineswegs ungelenken Versen brachte er einen großen Teil der Fachausdrücke unter, die zum Wortbestand der klassischen Zeichenlehre gehören, ohne seinem Gedicht mehr Zwang anzutun, als wir es durch die zahlreichen Volks- und Schwankbücher jener Zeit gewohnt sind.

In einem zweiten Gedicht wies Retz auf die notwendigen Kenntnisse eines Jägers hin:

3v Eine kurtze lehr einem waydtman.

Einem jungen adelichen man
steth gar woll vnd höfflich ahn,
das er sey jhm waydtwerckh erfahrrn,
mit dem windtspill, netzen vnd gahrrn,
jhm wald die luckhen zue verstellen,
sein jägerhorn lauth erschellen.
die laidthundt vnd die rüden führrn,
das wildt aufftreiben vnd nachspürn,
auff rechtem gesporr baldt nachhengen,
fürsichtig rennen vnd sprengen,
das wildt zue treiben ihn das garrn.
dan soll er sein waydtstückh[63]) nicht sparn,
das er das wildt, darzue die hirsch
von freyer handt spiß vnd bürsch,
die abfretzen rüben vnd krautt
dem bauwern, der es zue feldt erbauwt,
kendt auch stechen die wilden schwain,
die jhn dem holtz gefehrlich sein. ||
4r waill sie viell leüth zur todt hawen,
soll der waydtman woll darauff schawen,

[63]) Weidmesser

das er jhr mit dem stich vorkom,
sonst laufts ihm ein vnd schlecht jhn vm.
das gleichen auch der grümig berr,
steth auff vnd geth gegen dem jäger herr.
wo den der jäger mit dem stich
den berrn nit drifft vorsichtiglich,
schlecht er jhn auß den spiß mit fleiß,
felth auff jhn, das er jhm zerrayst.
hungerichen wölffen soll er stellen,
sie mit garn vnd wolffsgruben fellen.
aber die füchs vnd die hassen
soll er die hundt straffen lassen.
von den die bauwern schaden nemen
an hüner, gänssen vnd so nennen,
so ist der waydtman nutz der gemain,
der feldt, wäldt vnd berg machet rain
von schädlichen thirren obgenandt
dar durch beschwerdt würdt das landt. ‖
da sehe der waydtman eben zue, 4v
das er den leütten nit schaden thue
mit seim waydtwerckh ahn dem getraydt,
haltt der waydtman den vnderschaidt,
das er dardurch das waydtwerckh sein
sonst nicht versaumpt groß oder khlein.
so bring er dauon das lob
alls wie ein waydtman höfflich habn soll.
durch sein waydtwerckh jhm Gott bescherrt
viel glückh vnd haill sich täglich mehrt.

An dieses sehr ansprechende kleine Jagdgedicht, in dem von der Jagd auf Schwarzwild, Bären, Wölfe, Füchse und Hasen die Rede ist, aber Beizjagd und Vogelfang wegen ihrer Verbindung mit einem ganz anderen Berufsstand nicht Erwähnung fanden, schließen sich einige Sprichworte (4v/5r), in denen die sozialen Probleme eines kärglich besoldeten Jägers anklingen. Nur eines sei hier wiedergegeben:

5r Ein alt sprichwortt.

Gleich wie die jäger vnd laidthundt
fraydig, girrig werden zur stundt
wan sie die füeß vom wildpret
auff der hautt finden früe vnd spädt,
deshalben offt die gutten hundt
von wilden thirren werden verwundt.
noch bleibs wildprett zue letzs den herrn
darzue den hohen wildtmaistern.
der arm knecht muß lehr außgahn,
streckht tag vnd nacht sein laib d[a]ran.

Diese Worte bezogen sich auf den bescheidenen Anteil an der Beute, der der grünen Gilde in Form des Jägerrechtes, den Hunden in Gestalt der curie gereicht wurde.

Den Schluß der Einleitung (5v—7r) bilden drei Gebete, die in keinem unmittelbaren Zusammenhang mit der Jagd stehen.

Die eigentliche didaktische Abhandlung im Jägerbuch des Albrecht Retz beginnt mit der Lehre von den Zeichen des Hirsches (7v—26v), die hier als vierter abgeleiteter Text ungekürzt wiedergegeben wurde. Über das Verhältnis seiner Darlegungen zum klassischen Text wird noch zu sprechen sein. Hieran schließt sich eine sehr umfangreiche Sammlung von Weidsprüchen, meist in die übliche Form von Frage und Antwort gekleidet (27r—86v). Dagegen enthält die Handschrift nur wenige Notizen über die Jagd auf Hasen und kleines Raubwild (87r—88r), wenn es auch scheint, als ob hier im Laufe der Zeit noch manches nachgetragen werden sollte.

Was Retz anschloß, mindert den Wert der Handschrift insofern, als es sich um die Abschrift größerer Teile aus dem 1582 von

Sigmund Feyerabend herausgegebenen „Neuw Jag vnnd Weydwerck Buch“ ohne Hinweis auf diese Quelle handelt[64]). Albrecht Retz muß Gelegenheit gehabt haben, in dieses schon zu seiner Zeit teuere und deshalb für ihn kaum erschwingliche Fachbuch Einsicht zu nehmen und hielt es wohl für angebracht, daraus die eigenen Angaben gerade auf jenen Gebieten zu ergänzen, denen er selbst vorzugsweise sein Augenmerk geschenkt hatte. Für die Beurteilung der Arbeitsweise des Jägers Albrecht Retz ist diese Feststellung insofern wesentlich, als sie vermuten läßt, daß seine Arbeit auch in anderen Teilen von fremden Vorlagen nicht ganz frei ist. Da Retz beim Abschreiben auch jenes Kapitel aus dem „Neuw Jag vnnd Weydwerck Buch“ mit übernahm, in das die klassische Zeichenlehre in Form einer auf Noe Meurers Text zurückgehenden Kurzfassung Eingang gefunden hatte, fehlt es nicht an Wiederholungen gegenüber dem von ihm an früherer Stelle gebrachten vollständigen Traktat.

Wir kennen weder das Geburts- noch das Sterbedatum dieses literarisch interessierten und der Schriftstellerei ergebenen Jägers, aber mancherlei Anhaltspunkte über den Verlauf seines Lebens

---

[64]) Es ergibt sich folgendes Bild:

Albrecht Retz, Jägerbuch, 1604	Neuw Jag vnnd Weydwerck Buch, 1582
Von der hersch brunfft (89r—90v)	= Kap. XXX (31r—31v)
Wan der hersch sein gehörrn abwirfft vnd seine ruhe jhn seinem standte sucht (91r bis 92r)	= Kap. XXXI (32r—32v)
Kurtze anzaygung vnd gemerckh der gehörrn (92r—92v)	= Kap. XXXV (34v—35v)
Wie man ein hersch vnd wildt an der farth erkennen soll (92v—96r)	= Kap. XXXVI (36r—37r)
Wie man einen hersch vnd wie vill end er hab am geloß erkennen soll (96r—96v)	= Kap. XXXVII Anfang (37v)
Wie man auß dem schritt einen hersch erkennen vnd vhrthaillen soll (97r)	= Kap. XXXIX (38v)

ergeben sich aus einem Jagdtagebuch. Am Peterstag des Jahres 1604 trat Albrecht Retz als reitender Jäger in den Dienst des wohledlen, gestrengen und festen Junker Georg Wolf von Woellwarth zu Lauterburg, der sich in jener Zeit Herr von Hohenrod, Essingen und Heubach nannte. Retz versäumte nicht, die Bedingungen seiner Bestallung zu verzeichnen[65]). Neben einem Betrag in barem Geld standen ihm 15 Malter Frucht, 15 Klafter vor die Tür gefahrenes Holz, freie Wohnung, der Tisch bei Hofe, ein Pferd aus dem herrschaftlichen Stall, einige Morgen Ackerland, ein Stück Garten zur Nutzung und das in Geld abzulösende Jägerrecht zu. Im Jahre 1612, drei Tage vor Bartholomäi, verstarb Junker Georg Wolf von Woellwarth und die Jagd fiel an das Haus Württemberg heim, so daß für Retz keine Gelegenheit gegeben war, weiterhin in Lauterburg zu wirken. Schenk Albrecht, der zu Gaildorf am Kocher residierende Graf von Limburg, erfuhr, daß Retz keine Lust hatte, länger in seiner bisherigen Stellung zu bleiben, und forderte ihn sowohl durch mehrere Schreiben als auch mündlich durch seinen Hausvogt auf, zu ihm zu kommen. Am Lichtmeßtag 1613 nahm Retz dieses Angebot an. Er ritt nach Gaildorf und schloß mit „schenck Albrecht" seinen neuen Dienstvertrag[66]). Wirtschaftlich scheint sich Retz hier nicht schlechter gestanden zu haben. Der „Tisch zu Hof" wurde in Geld abgelöst. Neben Deputaten an Getreide, Heu, Stroh und Holz finden wir freie Behausung, Nägel und Eisen für das Pferd und das Jägerrecht erwähnt. Von einem gefangenen Stück Wild standen dem Jäger der halbe Hals, von einem geschossenen die Haut, der Hals und der Kopf zu. Außerdem erhielt er für jedes erlegte Stück Wild einen Barbetrag, der bei den einzelnen Arten recht unterschiedlich war und für Rot- und Schwarzwild, Rehe, Hasen, Enten, Wildtauben und Haselhühner genau vereinbart wurde.

---

[65]) fol. 98r.

[66]) fol. 111r.

Obgleich die sorgfältigen Aufzeichnungen verraten, daß Retz in wildreichen Revieren seinem Beruf nachgehen konnte, war auch in Gaildorf seines Bleibens nicht lange. Acht Tage vor Martini 1619 verschied Graf Albrecht von Limburg. Damit fiel auch diese Gnadenjagd dem Haus Württemberg wieder heim, „allso main gelegenhaitt nit jst gewest mich lenger da vf zue halten“[67]). Am 23. August 1620 verließ Retz Gaildorf und zog nach Dürrenzimmern im Kreise Künzelsau, wo er am Abend des Bartholomäustages seinen Dienst beim „hoch- und wohlgeborenen Grafen und Herrn Friedrich Grafen von Hohenlohe und Herrn zu Langenburg, herrn der Herrschaft Jungenbunzlau (in Böhmen), Cosmann und Gulich, Obersten und Ritter“ antrat. Den wiederum sorgfältig vermerkten Bedingungen der Bestallung möchte man entnehmen, daß dieser Stellungswechsel nicht zum Vorteil des Jägers Albrecht Retz war, wenn auch Deputate in Form von Wein und zwei Schweinen hinzukamen. Barablösungen wurden im Hohenloheschen Vertrag auch für Damwild, Füchse, Marder, Wildkatzen, Luchse und Wölfe festgelegt. „Das herschs vnschlich“[68]) und „das luxen, daxen, fuchs vnd marder schmaltz“ mußte bei Hofe abgeliefert werden. „Das schmer von den wilden schwainen bleibt den jägern“[69]). Vom Jahre 1622 an finden wir Retz in Crispenhofen[70]) stationiert, wo er bis an sein Lebensende blieb. Die sehr regelmäßigen und sorgfältigen Eintragungen brechen am 5. August 1645 ab. Sie lassen vermuten, daß Retz erkrankte und längere Zeit nicht mehr seiner gewohnten Beschäftigung nachgehen konnte, da gerade aus der Hauptjagdzeit im Herbst die üblichen Vermerke fehlen. Aus dem Jahre 1646 stammt nur noch eine einzige und zugleich letzte Aufzeichnung: am 29. Dezember, also nach mehr als einjähriger Pause, fing er

[67]) fol. 126 r.

[68]) Feist.

[69]) fol. 127 v.

[70]) fol. 130 r

ein Schwein, vier Bachen, zwei Frischlinge und ein Reh und schickte die ganze Beute nach Langenburg[71]). Gleichsam als gelte es, Bilanz unter seinem Jägerleben zu ziehen, schloß Retz sein Jagdlehrbuch mit einer Zusammenstellung des im Laufe seines Lebens erlegten Wildes. Er fing oder schoß während seines Aufenthaltes in

	Hirsche	Tiere	Kälber	Dam-hirsche	Dam-tiere	Keiler	Bachen	Frisch-linge	Rehe	Wölfe
Lauterburg	104	96	37	—	—	12	48	41	158	—
Gaildorf	54	64	3	10	2	13	68	84	362	—
Crispenhofen	139	152	56	1	—	29	75	91	206	3
	297	312	96	11	2	54	191	216	726	3

Dies ergibt unter Einschluß der drei Wölfe die stattliche Strecke von 1908 Stück Hochwild im Laufe einer Zeit von reichlich vierzig Jahren.

Wir müssen es uns leider versagen, auf die Bedeutung der Retzschen Aufzeichnungen für die Kultur- und Ortsgeschichte näher einzugehen. In fast allen Fällen ist vermerkt, wo und wie das Wild erlegt und wohin es geliefert wurde, mitunter auch wer an der Jagd teilnahm oder was sich sonst während der unruhigen Tage des Dreißigjährigen Krieges ereignete.

Retz gibt nirgends einen Hinweis auf sein Alter, so daß wir dieserhalb weitgehend auf Vermutungen angewiesen sind. Ganz sicher ist Retz in Crispenhofen gestorben, wahrscheinlich nicht allzulange nach seiner letzten Eintragung. Das Totenbuch der Pfarrgemeinde Crispenhofen weist jedoch in den Jahren 1646 bis 1650 große Lücken auf. Zum Teil ist überhaupt nichts vermerkt, so daß sich der Todestag des Albrecht Retz nicht mehr ermitteln läßt. Erst unter dem 21. März 1657 findet sich die Eintragung

[71]) fol. 150 r.

„. . . ist gestorben vnd deß andern Tagß begraben worden Martinuß, Albert Retz Jägerß allhier Söhnlein“. Dieser Albert Retz dürfte wohl ein Sohn unseres Albrecht und der verstorbene Martinus sein Enkel gewesen sein. Interessant ist aber die Feststellung, daß Albrecht Retz offenbar auch aus Crispenhofen stammte, also nach Wanderjahren in seine Heimat zurückgekehrt war. Bedauerlicherweise läßt sich aber sein Geburtstag nicht ermitteln. Wenn wir bedenken, daß Albrecht Retz sein Jägerbuch im Jahre 1604 zu schreiben begann, ist seine Geburt mit hoher Wahrscheinlichkeit vor 1580 anzusetzen. Manches spricht sogar dafür, daß sich Retz bei Beginn seiner Arbeit schon im gesetzten Alter befand. So ist doch beachtlich, daß er in der an den Anfang gesetzten Ermahnung den Angesprochenen mit „Sohn“ anredet, was den Eindruck hervorruft, als habe der Schreiber zu dieser Zeit schon einen aus den Kinderschuhen herausgewachsenen Sprößling gehabt. Auch fällt die gleichmäßig ausgeschriebene Handschrift auf, die während der vier Jahrzehnte, über die sich die Eintragungen hinzogen, bis ins Alter kaum eine Veränderung erkennen läßt. Man möchte sie kaum einem Jüngling zutrauen. Im Taufregister von Crispenhofen findet sich nun unter dem 17. Juli 1588 die Eintragung „Ein Kind zu tauffen fürgebracht worden mit namen Apolonia, welchs Albrecht Retz der Jeger mit Eva seiner Haußfrauen ehelich gezeügt . . .“, und unter dem 7. August 1592 wird vermerkt „Ein Kind mit namen Eva . . . welchs Albrecht Retz der Jeger mit Eva seiner Haußfrauen ehelich gezeügt . . . “. Es ist durchaus wahrscheinlich, daß es sich bei diesem Albrecht Retz um den Verfasser unseres „Jägerbuches“ handelt. Zwar sind die Angaben insofern unzuverlässig, als auch das Crispenhofener Taufbuch eine bedauerliche Lücke zwischen den Jahren 1575 und 1586 aufweist. Dieser ganze Zeitraum ist durch leere Blätter gekennzeichnet. Möglicherweise sollten die fehlenden Eintragungen später nachgeholt werden. Es ist somit denkbar, daß der Verfasser des „Jägerbuches" schon um die Mitte der sechziger Jahre des 16. Jahrhunderts geboren wurde, mit dem Vater der 1588 und 1592 geborenen Töchter identisch ist und hochbetagt im Alter von über 80 Jahren nach 1646 starb. Es wäre aber auch möglich, daß es sich bei dem im Taufregister erwähnten Albrecht um den gleichnamigen Vater unseres schreibfreudigen Jägers gehandelt hat, daß der von uns gesuchte Albrecht zwischen 1575 und 1586 — der Zeit der Lückenhaftigkeit des Taufregisters in Crispenhofen — das Licht der Welt erblickte und als älterer Bruder der erwähnten Apolonia und Eva zu gelten hat. In der Zeit zwischen 1560 und 1570 enthält das Crispenhofener Taufbuch keinen auf Albrecht Retz bezüglichen Taufeintrag. Wenn wir in dieses Jahrzehnt seine Geburt zu verlegen geneigt sind, bleibt der Ort seiner Herkunft ungewiß. So verlieren sich Geburts- und Sterbedatum vorläufig im Dunkeln. Ein glücklicher Zufall wird eines Tages vielleicht diese Fragen zu lösen helfen.

Die Transkription des Retzschen Jägerbuches wird durch die zwar saubere, aber doch sehr ausgeschriebene und oft schwer zu entziffernde Handschrift des Verfassers nicht eben erleichtert. Grundsätzlich machte Retz beim Schreiben keinen Unterschied zwischen h und ch, so daß Ermessensentscheidungen nicht zu umgehen waren. Auch ähneln sich bei ihm a und o bzw. a und e häufig so sehr, daß die zutreffende Deutung nicht immer leicht war. Selbst e und r sind mitunter zu verwechseln. Die Willkür, mit der Retz mit Majuskeln und Minuskeln umging, ließ es geraten erscheinen, unabhängig von der Vorlage ausschließlich kleine Buchstaben zu verwenden. Auch wurden die Interpunktionen dem Sinn nach neu gesetzt. Die ganze Arbeit ist in einem ungehobelten, oft sogar schlechten Deutsch geschrieben und weist einige geradezu unverständliche Stellen auf[72]).

[72]) z. B. fol. 14 r und v.

Mitten in seine „Lehre von den Zeichen des Hirsches“ hat nun Albrecht Retz den klassischen Text eingeschoben[73]). Da wir wissen, daß sich der schreibfreudige Jäger nicht scheute, größere Teile aus dem „Neuw Jag vnnd Weydwerck Buch“ zu übernehmen, dürfen wir wohl unterstellen, daß er auch hierfür eine ihm zugängliche Handschrift heranzog, also nicht nur formelmäßig erlerntes Wissen wiedergab. Obgleich die Retzsche Überlieferung nicht frei ist von entstellten und verderbten Worten, darf sie doch unsere besondere Aufmerksamkeit beanspruchen, da die hier benutzte Vorlage dem Urtext sehr nahegestanden haben muß. Wir sehen, daß sämtliche von uns mit den Buchstaben B bis K kenntlich gemachten Handschriften und frühen Drucke irgendwelche mehr oder minder umfangreichen Zusätze aufzuweisen hatten, die erheblich zur Klärung der Verwandtschaftsverhältnisse beitrugen. Diese Zusätze fehlen aber durchweg bei Retz. Der durch ihn erhaltene Text steht deshalb A näher als irgendeine der übrigen Parallelfassungen, ja, er kommt dem Original in gewissem Sinn noch näher als A. In den Kapiteln 1 bis 18 sind der Retzsche Text und A durchaus gleich. Die Kapitel 19 und 20 sind ausgelassen. Möglicherweise war die Handschrift, die dem Abschreiber vorlag, an dieser Stelle lückenhaft. Dann folgt das Kapitel 22, das nach unserer Vermutung beim Original am Schluß gestanden hat. Ihm schließen sich wie im Urtext die Kapitel 21 und 24—27 an. Das Kapitel 23, welches auf Grund unserer Überlegungen nicht im Urtext vorhanden gewesen sein kann, fehlt auch hier bezeichnenderweise ganz. Kapitel 24 überliefert uns Retz in der Kurzfassung, die nur in A nochmals erscheint. Der von Retz benutzte Text war also dem Original und der Fassung A aufs nächste verwandt. Der Name Hugo Wittenwiller begegnet uns bei Retz nicht, obgleich er hier am ehesten zu vermuten gewesen wäre, sofern er schon dem Original angehangen

[73]) fol. 15 r—21 r.

hätte. Sein Fehlen an dieser Stelle bestärkt die durch den Geist des ganzen Traktats erhärtete Vermutung, daß wir in ihm nur einen der zahlreichen Abschreiber der Zeichenlehre, nicht den Verfasser dieser auf altem Brauchtum beruhenden Abhandlung zu sehen haben.

Der Überschuß über den klassischen Text in der Zeichenlehre des Albrecht Retz ist reich an Wiederholungen, welche auf eine vorzugsweise kompilatorische Arbeitsweise des Jägers hinweisen. Offenbar hatte sich Retz eine ganze Anzahl von Handschriften zum Abschreiben besorgt, deren Inhalt er kritiklos und unbekümmert übernahm. Es sei hier dahingestellt, ob er die Überschneidungen selbst empfand. Fast möchte man annehmen, daß sie ihm nicht bewußt wurden, sonst wäre manche Häufung kaum verständlich. Ebensowenig wie ihn beim Abschreiben aus dem „Neuw Jag vnnd Weydwerck Buch" die Parallelität gewisser Textstellen zu dem bereits Gesagten störte, scheint er auch keinen Anstoß an den Wiederholungen in jenem Teil seiner Abhandlung genommen zu haben, den er der Zeichenlehre im besonderen widmete. Dieser zerfällt in drei nur lose aneinandergefügte Partien, deren mittlere (fol. 15r—21r) durch die besprochene Retzsche Abschrift des klassischen Textes gebildet wird. Dagegen sind Anfang und Schluß eng miteinander verwandt. Es scheint, daß Retz zwei Handschriften kopierte, die den selben Traktat mit geringfügigen sprachlichen Abweichungen enthielten. Für die Geschichte der Zeichenlehre hat dies den Vorteil, auf dem Weg der Textvergleichung eine zweite jüngere „Lehre von den Zeichen des Hirsches" eliminieren zu können. Die Ausführungen des Albrecht Retz auf fol. 7v—10r einerseits, fol. 21v—23v und 25v—26v andererseits sind im wesentlichen inhaltsgleich und so weitgehend übereinstimmend, daß es ohne Schwierigkeiten möglich ist, einen bereinigten Text zu entwickeln. Es ist durchaus wahrscheinlich, daß die ursprüngliche Fassung eines Tages irgendwo gefunden wird. Versuchen wir, die Zeichenlehre in ihrer

Entwicklung bis zum Ende des 16. Jahrhunderts zu übersehen, so ergeben sich mindestens drei voneinander unabhängig entstandene Quellen, die in verschiedenen Handschriften zusammenflossen. Neben dem klassischen Text haben wir die erste jüngere Zeichenlehre, wie sie in der Wolfskeelschen und der Hohenloheschen Handschrift überliefert ist, und die zweite jüngere Zeichenlehre, die durch Retz in doppelter Form auf uns gekommen ist, zu unterscheiden.

IX

Wenn es zum Schluß noch gilt, das Fortleben der „Lehre von den Zeichen des Hirsches" einer Würdigung zu unterziehen, so darf einleitend noch einmal darauf hingewiesen werden, daß sich unsere Betrachtung ausschließlich auf die Wirksamkeit des klassischen Textes erstreckt. Es ist nicht unsere Absicht, die Entwicklung der Zeichenlehre als solche zu verfolgen, zumal schon die Derivattexte des späten 15. und des 16. Jahrhunderts die Tendenz zur Ausweitung des Stoffes erkennen ließen. Auch wäre es kaum sinnvoll, durch Zusammenstellung einzelner Zitate aus der Jagdliteratur des 17. und 18. Jahrhunderts die letzten Auswirkungen ermitteln zu wollen, die vom Kräftezentrum der klassischen Zeichenlehre ausgegangen sind. Sie lassen sich alle auf die mit so viel Nachdruck betonte mündliche Tradition oder auf Auswirkungen der ins 16. und 17. Jahrhundert gehörigen Drucke zurückführen. Hier soll lediglich versucht werden, den klassischen Text in der deutschen Fachliteratur dort aufzuspüren, wo er im wesentlichen unverfälscht fortgeschrieben wurde. Ein Einfluß des deutschen Traktats auf das ausländische Schrifttum ist vorläufig nicht feststellbar. Auch ist bisher eine Übertragung in eine Fremdsprache nicht bekannt.

Eine weite Verbreitung erfuhr die „Lehre von den Zeichen des Hirsches" durch die zahlreichen Neuauflagen der als J bezeichneten rechtswissenschaftlichen Abhandlung Noe Meurers. Alle Drucke enthalten unverändert den gleichen Text:

1561 Von Forstlicher Oberherrligkeit vnd Gerechtigkeit / was die Recht / der Gebrauch vnd die Billigkeit deßhalben vermög. Alles beschriben durch den Hochgelehrten Noe Meürer / der Rechten Doctorn / Churfürstlicher Pfaltz Rath. Zůvor in Truck nie außgangen (!) Frankfurt a. M. (gedruckt durch Weygand Han und Georg Rabe, verlegt bei Siegmund Feyerabend) 1561, 3. Teil fol. XCIII r—XCVII r.

1576 Jag vnd Forstrecht / Das ist: / Underricht ... von verhauwung vnd widerhauwung der Wäld vnd Gehöltz, Auch den Wildtbänen, Fischereyen / ... wie die nach ... gemeinen Rechten, Gebrauch vnd gelegenheit, in guter Ordnung zu halten, vnd / in besser form anzurichten. / ... Erstlichen außgangen durch ... Noe Meurer, der Rechten Doctor, vnd Churfürstlicher Pfaltzgräuischer / Raht, jetzund von im auffs neuwe ... corrigiert, und mit dreyen Theilen gemehrt vnd gebessert. Frankfurt a. M. 1576 (gedruckt durch Paul Reffeler, verlegt bei Sigmund Feyerabend) fol. 68 v—71 r.

1581 Gleicher Titel, Frankfurt a. M. 1581 (gedruckt durch Peter Schmid, verlegt bei Sigmund Feyerabend) fol. 68 v—71 r.

1582 Gleicher Titel, Frankfurt a. M. 1582 (gedruckt durch Peter Schmid, verlegt bei Sigmund Feyerabend) fol. 68 v—71 r.

1602 Gleicher Titel, „Item von newem vbersehen / vnd mit allerhand zusätzen vermehret.“, Marburg 1602 (gedruckt und verlegt durch Paul Egenolff), S. 75—77.

1618 Gleicher Titel, Marburg 1618 (gedruckt durch Paul Egenolff) S. 75—77.

Dieser Ausgabe wurde erstmalig als Anhang ein fast wortgetreuer Nachdruck von Georg Leopold Fuhrmann „Jägerkunst vnd Waydgeschrey“, Nürnberg 1618, angehängt, so daß unser Traktat nochmals ungekürzt aus S. 257—261 erscheint[74]).

Außerdem erschien Noe Meurers Werk bei

1702 Ahasverus Fritschius, Corpus juris venatorio-forestalis Romano-Germanici tripartitum, 2. Auflage[75]), Leipzig 1702 (bei Joh. Ludwig Gleditsch). Da die letzte selbständige Meurer-Ausgabe vom Jahre 1618 Fritschius als Vorlage diente, finden wir die „Lehre von den Zeichen des Hirsches" wiederum zweimal abgedruckt, und zwar Pars I S. 355—357 und (auf „Jägerkunst vnd Waydgeschrey" zurückgehend) Pars I S. 520—523.

In diesem Zusammenhang ist zu verweisen auf

1616 Jägerkunst vnd Waydgeschrey / Das ist: Welcher gestalt allerhand Waydwerck anzustellen / auch wie man Waydmännisch / nach Jägerischer weiß vnd gebrauch / darvon reden solle: Item / was zur Jägerey gehörig / in 49 Capitel eingetheilt / auch mit vielen schonen Jäger Künsten auffs new zum andernmal vermehret . . . Mit sonderm fleiß colligirt vnd zusammen getragen durch Georg Leopold Fuhrmann. Nürnberg 1616, Kap. 35—47, fol. E Vv—F III r.

Es handelt sich hierbei um die zweite, sehr erweiterte, aber auch erheblich abgewandelte Auflage des als K in unsere Untersuchungen einbezogenen Werkchens vom Jahre 1610. Fuhrmann ließ bei der Neuherausgabe seines kleinen Buches die von ihm ursprünglich gebrachte Fassung der Zeichenlehre fallen und

[74]) R. Souhart, Bibliographie générale des ouvrages sur la chasse, Paris 1886, Sp. 330 nennt noch weitere Ausgaben von Noe Meürer, und zwar Frankfurt 1563, Frankfurt 1597, Marburg 1600, Marburg 1628 und Frankfurt 1644, die sich nicht ermitteln ließen. Ihre Existenz ist vorläufig zu bezweifeln. Souhart übernahm diese von ihm nicht geprüfte Angabe aus George Christoph Kreysig, Bibliotheca scriptorum venaticorum, Altenburg 1750, S. 17.

[75]) In der ersten Auflage des Corpus juris venatorio-forestalis Jena 1675 (auch mit Titelblatt 1676) fehlt Noe Meurers Arbeit noch.

übernahm dafür Noe Meurers Text. Wie wir sahen, wurde dieser Traktat, der selbständig nicht wieder gedruckt erschien, noch zweimal, 1618 und 1702 als Anhang zu Noe Meurer aufgelegt, so daß insgesamt vier Auflagen, zwei selbständige und zwei unselbständige, zu unterscheiden sind.

An früherer Stelle[76]) wurde schon darauf hingewiesen, daß sich bei Noe Meurer der klassische Text der Zeichenlehre in einem an den Schluß des dritten Teiles gesetzten Anhang findet, der inhaltlich völlig mit der als G bezeichneten Wolfenbütteler Handschrift Hs. 67.3. Aug. 8⁰ übereinstimmt. So wie dieser ursprünglich selbständige Bestandteil in Noe Meurers rechtswissenschaftliche Abhandlung einfloß, wurde er gegen Ende des 16. Jahrhunderts durch den Verleger Bernhard Jobin auch wieder herausgelöst, als dieser zu kompilatorischen Erweiterungen neigende Mann die deutsche Übersetzung von „L'Agriculture et Maison rustique" des Charles Estienne und Jean Liébault vorlegte[77]). Er übernahm sie, übrigens nicht ohne seine Quelle zu nennen[78]). Dieser kleine, Noe Meurer entlehnte Traktat bildete einen festen Bestandteil dieses grundlegenden Werkes der Hausväterliteratur auch als aus den „Siben Bücher Von dem Feldbau" im Jahre 1587 „fünffzehen Bücher vom Feldbaw" wurden. Der klassische Text der „Lehre von den Zeichen des Hirsches" erschien hier also erneut siebenmal:

1579 Carolus Stephanus vnd Johannes Liebhaltus, Siben Bücher Von dem Feldbau / vnd vollkommene bestellung eynes ordenlichen Mayerhofs oder Landguts . . . von dem Hochgelehrten Herren Melchiore Sebizio Silesio, der Artzenei Doctore, inn Teutsch gebracht. Straßburg (bei Bernhard Jobin) 1579, S. 571—575.

1580 Gleicher Titel, Straßburg 1580, S. 571—575.

[76]) s. S. 26.

[77]) Vergl. a. Kurt Lindner, Die deutsche Habichtslehre, Berlin 1955, S. 85—89.

[78]) Ausg. Straßburg 1579, S. 565.

1587 Carolus Stephanus vnd Johannes Liebaltus, XV Bücher vom Feldbaw vnd recht volkommener Wolbestellung eines bekömmlichen Landsitzes. Straßburg (bei Bernhart Jobin) 1587, 13. Buch, Kap. 18—21, S. 670—674.

1588 Gleicher Titel, Straßburg 1588, 13. Buch, Kap. 18—21, S. 670—674.

1592 Gleicher Titel, Straßburg 1592, 13. Buch, Kap. 18—21, S. 670—674.

1598 Gleicher Titel, Straßburg 1598, 13. Buch, Kap. 18—21, S. 660—664.

1607 Gleicher Titel, Straßburg 1607, 13. Buch, Kap. 18—21, S. 665—668.

So bleibt nur noch daran zu erinnern[79]), daß der Straßburger Verleger Lazarus Zetzner, veranlaßt durch die Beliebtheit, deren sich die Jobinschen Ausgaben von Estienne und Liébault erfreuten, ein Plagiat herausgab, das er zur Täuschung des Publikums Petrus de Crescentiis zuschrieb. Da es sich aber um nichts anderes als um einen Nachdruck der „Fünffzehen Bücher vom Feldbaw" handelt[80]), finden wir auch hier die „Lehre von den Zeichen des Hirsches":

1602 Petrus de Crescentiis, New Feldt vnd Ackerbaw / Darinnen Ordentlich begriffen Wie man auß rechtem grund der Natur / auch langwiriger erfahrung / so beydes alhier in XV Bücher beschrieben ist / jedes Landgut . . . auffs beste bestellen / . . . soll. Straßburg (bei Lazarus Zetzner) 1602, 13. Buch, Kap. 18—21, S. 665—668.

Parallel zur ungekürzten Wiedergrabe des durch Noe Meurers jagdrechtliche Abhandlung weitesten Kreisen bekanntgewordenen Textes der klassischen Zeichenlehre entwickelte sich eine

---

[79]) Vergl. hierzu Kurt Lindner, a. a. O., Berlin 1955, S. 90.

[80]) Es wurden nur die ersten vier Blätter der Jobinschen Ausgabe durch fünf neue mit anderslautendem Titel, neuer Widmung und erstmalig eingefügter Inhaltsangabe ersetzt, im übrigen der vorhandene Satz benutzt.

Kurzfassung, die in dem von Johann Feyerabend gedruckten, von Sigmund Feyerabend verlegten „Neuw Jag vnnd Weywerck Buch“ Aufnahme fand:

1582 Neuw Jag vnnd Weydwerck Buch / Das ist Ein grundtliche beschreibung Vom Anfang der Jagten ... Auß allen hiebevor außgegangenen Frantzösischen / Italianischen vnd Teutschen Jagbüchern / in diese Ordnung zusammen gebracht. Auch durchauß mit schönen Figuren gezieret / dergleichen zuvor nie außgangen.

Frankfurt a. M. 1582, fol. 36 v—37 r.

Aus einem Textvergleich[81]) ergibt sich, daß der Bearbeiter ebenfalls die durch Noe Meurer veröffentlichte Fassung der Zeichenlehre seiner Version zugrunde legte. Interessant ist jedoch, daß dieser gekürzte Text keine Lebenskraft hatte. Als 1661 eine Neuausgabe des irrtümlich so oft als Standardwerk des deutschen Jagdschrifttums im 16. Jahrhundert aufgefaßten Feyerabendschen „Neuw Jag vnnd Weydwerck Buch“ erfolgte, gestaltete der Herausgeber, der allenthalben stark in den Text eingriff, diesen so nachhaltig um, daß die ursprünglichen Zusammenhänge nicht mehr erkennbar blieben. Die gekürzte Fassung verschwand wieder und wurde durch die Ausführungen des Jacques Du Fouilloux zum gleichen Thema nach der 1590 erschienenen Übersetzung der „Vénerie“ durch den Amtmann Johann Wolff[82])

---

[81]) Eingegangen in die „Kurzfassung“ sind die Kapitel 1, 3—19, 21 und 26 des klassischen Textes und die Zusatzkapitel 35, 36 und 38 aus GJ.

[82]) New Jägerbuch: Jocoben von Fouilloux ... Straßburg (bei Bernhart Jobin) 1590, Kapitel 22, fol. 27 v—29 r = Adeliche Weydwercke, Frankfurt a. M. 1661, Kap. 14, S. 69—72 = Adeliche Weydwercke, Prag 1699, Kap. 14, S. 63—66.

Dieser Text stellt eine Übersetzung von Kap. 22 „Du iugement et cognoissance du pied du cerf“ der „Vénerie“ des Jacques Du Fouilloux dar, doch fügte der im allgemeinen sorgsam übersetzende Johann Wolff gerade hier einige Stellen ein, die unmittelbar auf die deutsche Zeichenlehre zurückgehen ersetzt. Dagegen hielt der Herausgeber es trotz gewisser Überschneidungen für angebracht, den klassischen Text der Zeichenlehre in der Fassung Noe Meurers noch einmal ungekürzt aufzunehmen. Da die dritte, den Titel der zweiten tragende Ausgabe sich eng an die letztere anschloß, stoßen wir hier ebenfalls auf unseren Traktat.

Dieses nicht durch unmittelbares Fortschreiben erklärliche Wiederaufleben in einer ausschließlich der Jagd gewidmeten Abhandlung um die Mitte des 17. Jahrhunderts spricht für unsere Vermutung, daß gerade die klassische Fassung der Zeichenlehre vielerorts zum unerläßlichen Zunftwissen gehörte und in mündlicher Tradition lebendig blieb, so daß ihr Fehlen in einer didak-

---

und keine Entsprechungen in der französischen Vorlage haben. Zum Beispiel:

fol. 28 r „... diß heissen die Jäger das plenden vnnd das ereylen / dann er plendet vnnd ereylet die vordern mit den hindern gefährt..." (A Kap. 9).

„... so tritt das Wild auch in die vorder / aber nicht so vollkommenlich wie der Hirsch..." (A Kap. 10).

„... dann der Hirsch gehet mit beschlossem vnnd bezwungnem gefährt / daß er zwischen dem spalt nichts außlaßt / vnnd heissen diß die Jäger / das zwingen / Jedoch gehet jm zwischen dem spalt mitten einem faden gleich auß / diß zeichen heißt das Fedemlein ..." (A Kap. 12/13).

fol. 28 v „... Sonst tritt der Hirsch hinden vnd vornen gleich in die Erden / gehet geschrenckt wie ein voller Bawer / als wen*n* jr zwen weren / das Wild aber geht schlechtlich / der Hirsch scheibt mit dem ballen die Erden hinden herfür / vnd zeucht vornen mit den Klawen den boden an sich / daß es ein bühel in der mitte gibt / diß thut das Wild nicht / Diß Zeichen halten der Kunst erfahrne für gewiß hoch vnd gut / vnnd nennes etlich Jäger das grunen / vnd etlich das burgstall ..." (A Kap. 18/19).

„... Der Hirsch vn*d* dz Wild brauchen im stallen ... auch ein vnterscheid / dann der Hirsch würfft sein Harn recht neben auß / wie ein Hund / aber das Wild in die fahrt wie die Hasen. Dann alles was gefotzt ist / stallet mitten inn die fährt ..." (A Kap. 27).

tischen Abhandlung als Mangel hätte empfunden werden können. Wir stellen also ihr Weiterleben fest in:

1616 Adeliche Weydwercke, Das ist / Außführliche Beschreibung vom Jagen ... mit deß Kunstreichen Jost Ammons wolgerissenen Jagt-Figuren außgezieret ... Anjetzo von neuem an Tag gegeben und zum Druck befördert. Frankfurt a. M. (bei Joh. Wilhelm Ammon und Wilhelm Serlin) 1661, Kap. 18, S. 77—84.

1699 Adeliche Weydwercke, Das ist / Außführliche Beschreibung Vom Jagen ... mit 36 Figuren außgezieret ... Prag (bei Caspar Wussin) 1699, Kap. 18, S. 70—75.

Als Wolfgang Helmhard von Hohberg 1682 erstmalig seine „Georgica curiosa" erscheinen ließ, brachte auch er einen Auszug aus der klassischen „Lehre von den Zeichen des Hirsches"[83]). Obgleich er in das Kapitel „Von der Hirschen Spuhr und Stande" Zitate aus der „Vénerie royale" des Robert de Salnove[84]) unter Nennung des Namens seines Gewährsmannes einschob, die eigentliche Quelle für seine Ausführungen aber verschwieg, blieben diese Zusammenhänge bislang unerkannt. Hohberg, der eklektisch vorging, sich bei den übernommenen Textstellen aber eng an den Wortlaut seiner Vorlage anschloß, benutzte wie alle Jagdschriftsteller vor ihm die durch Noe Meurer zu weitester Verbreitung gebrachte Fassung[85]).

Kritisch setzte sich als erster Johann Täntzer mit einzelnen Teilen der klassischen Zeichenlehre in seinem 1682 in Kopen-

---

[83]) 12. Buch Kap. 52, Nürnberg 1682, 2. Teil S. 611. In den drei nachfolgenden Auflagen Nürnberg 1687, Nürnberg 1695 und Nürnberg 1701 findet sich der gleiche Text jeweils im 12. Buch als Kap. 57, 2. Teil S. 713/714.

[84]) Hohberg benutzte eine der beiden seitengleichen Ausgaben Paris 1655 oder Paris 1665.

[85]) Die zweite Hälfte des gleichen Kapitels geht auf Kapitel 28 „Comme le veneur doit cercher les cerfs aux gaignages selon les mois et saisons" der „Vénerie" des Jacques Du Fouilloux zurück.

hagen erschienenen ersten Teil „Der Dianen Hohe und Niedere Jagtgeheimnüß“[86]) auseinander[87]). Er entnahm aus ihr wenig und nur das, was er als alter Praktiker anerkennen zu können glaubte, verwarf aber leidenschaftlich alles, was ihm gedankenlos fortgeschriebener Aberglaube zu sein schien[88]). Er hielt sich auch nicht mehr an den herkömmlichen Text, der ihm in der Überlieferung Noe Meurers bekannt war, sondern gab, soweit es ihm angängig erschien, die Gedanken der alten Zeichenlehre mit eigenen Worten wieder.

Das Jahr 1682 verdient in diesem Zusammenhang aber nicht nur durch Hohberg und Täntzer Erwähnung. Klang beim ersten dieser beiden Autoren die klassische Zeichenlehre stärker, beim zweiten dagegen kaum noch an, feierte sie im gleichen Jahre im alten Gewand Auferstehung in Johann Christoph Thiemes „Haus-Feld-Arzney-Koch-Kunst- und Wunder-Buch“, das 1682 in Nürnberg erschien[89]).

Zu Beginn des 18. Jahrhunderts finden wir die Zeichenlehre einschließlich der Zusätze in der mit dem Namen Noe Meurers verknüpften Fassung noch einmal in der umfangreichen kompilatorischen Arbeit „Fürst-Adliche neu-ersonnene Jagd-Lust“, die

---

[86]) Zweite Auflage Kopenhagen 1699, dritte Auflage Leipzig 1734.

[87]) 1. Teil, Kap. 27, Ziffer 24, Kopenhagen 1682, S. 75: „... von ihrer Ferte oder Spur wehre viel zu schreiben / alleine es geschicht hier nur / was leichtlich zu observiren und auch das Vornemste ist ...“.

[88]) Zum Beispiel im Hinblick auf Kap. 5 des klassischen Textes (Teil 1, Kap. 29, Ziffer 41, S. 78): „Es zerscharren die Hirsch auch die Ameißhauffen gerne / was sie aber darin suchen ist mir unbekandt ...“; oder unter Bezugnahme auf Kap. 47 in den Zusätzen zum klassischen Text (Teil 1, Kap. 33, Ziffer 84, S. 85): „Daß wann sie ein trächtig Thier spühren / sie an dessen Ferte erkennen wollen / ob es ein Hirsch- oder wild-Kalb träget / darzu sage ich und die recht erfahrne Jäger plat nein / und daß es Unwahrheit sey / ...“.

[89]) Johann Christoph Thieme, Haus-Feld-Arzney-Koch-Kunst- und Wunder-Buch, Nürnberg 1682, Eilffter Theil, Kap. 16—21, S. 1225-1231.

in Frankfurt a. M. und Leipzig 1711 von einem nur durch die Buchstaben J. C. K. gekennzeichneten anonymen Verfasser herausgegeben wurde[90]). Zwar haben die einzelnen Kapitel eine Umstellung in der Reihenfolge[91]) erfahren, inhaltlich entstand dabei aber kaum ein Verlust, so daß wir das Geistesgut des 14. Jahrhunderts selbst bis auf die schon bei Hadamar von Laber vorkommende Wendung „... dann es thuts keine Hindin mit den Ohren“ unverändert über vier Jahrhunderte verfolgen können.

Auch wenn man bei Franciscus Philippus Florinus nachliest, was der sich hinter diesem Pseudonym verbergende Verfasser oder seine Mitarbeiter zum Thema „Wie Hirsch und Wild an seiner Fährt / Loß und Gehörn zu erkennen“ zu sagen wußten, findet man in den ersten drei Paragraphen des einschlägigen Kapitels nichts anderes als einen Extrakt der klassischen Zeichenlehre[92]).

Bis zu den jagdlichen Klassikern des 18. Jahrhunderts läßt sich das alte Geistesgut freilegen. Selbst in den immer wieder aufgelegten Werken Hermann Friedrich von Göschhausens[93]) und Heinrich Wilhelm Döbels[94]) spüren wir noch die Auswirkungen einer großen Tradition.

---

[90]) S. hierzu auch Kurt Lindner, a. a. O., Berlin 1955, S. 92—95.

[91]) Fürst-Adliche neu-ersonnene Jagd-Lust, Frankfurt a. M. und Leipzig 1711, S. 124—132. Die Anordnung entspricht nachstehender Kapitelfolge des klassischen Textes: 37—46, 16—19, 21, 24, 25, 27, 36, 1—15.

[92]) Francisci Philippi Florini Oeconomus prudens et lagalis continuatus oder Grosser Herren Stands und Adelicher Haus-Vatter, Nürnberg 1719, 5. Buch, Kap. 15, §§ 1—3 (2. Teil, S. 211—215).

[93]) Hermann Friedrich von Göchhausen, Notabilia Venatoris, oder Jagd- und Weidwercks-Anmerckungen, Nordhausen 1710, bes. S. 16ff.

[94]) Heinrich Wilhelm Döbels Eröffnete Jäger-Practica, Leipzig 1746, S. 6ff. Zum Beispiel (S. 9) „Auch ziehet er gern in die alten Pfäde und Wege: Denn der Hirsch muß die Weite haben wegen des Gehörns; ein Thier aber schleicht unter dem dickigten herum von einem Stauden-Busche zu andern.“

DER TEXT
DES
HUGO WITTENWILLER

A

Bayerische Staatsbibliothek München Cod. Mon. Germ. 558.

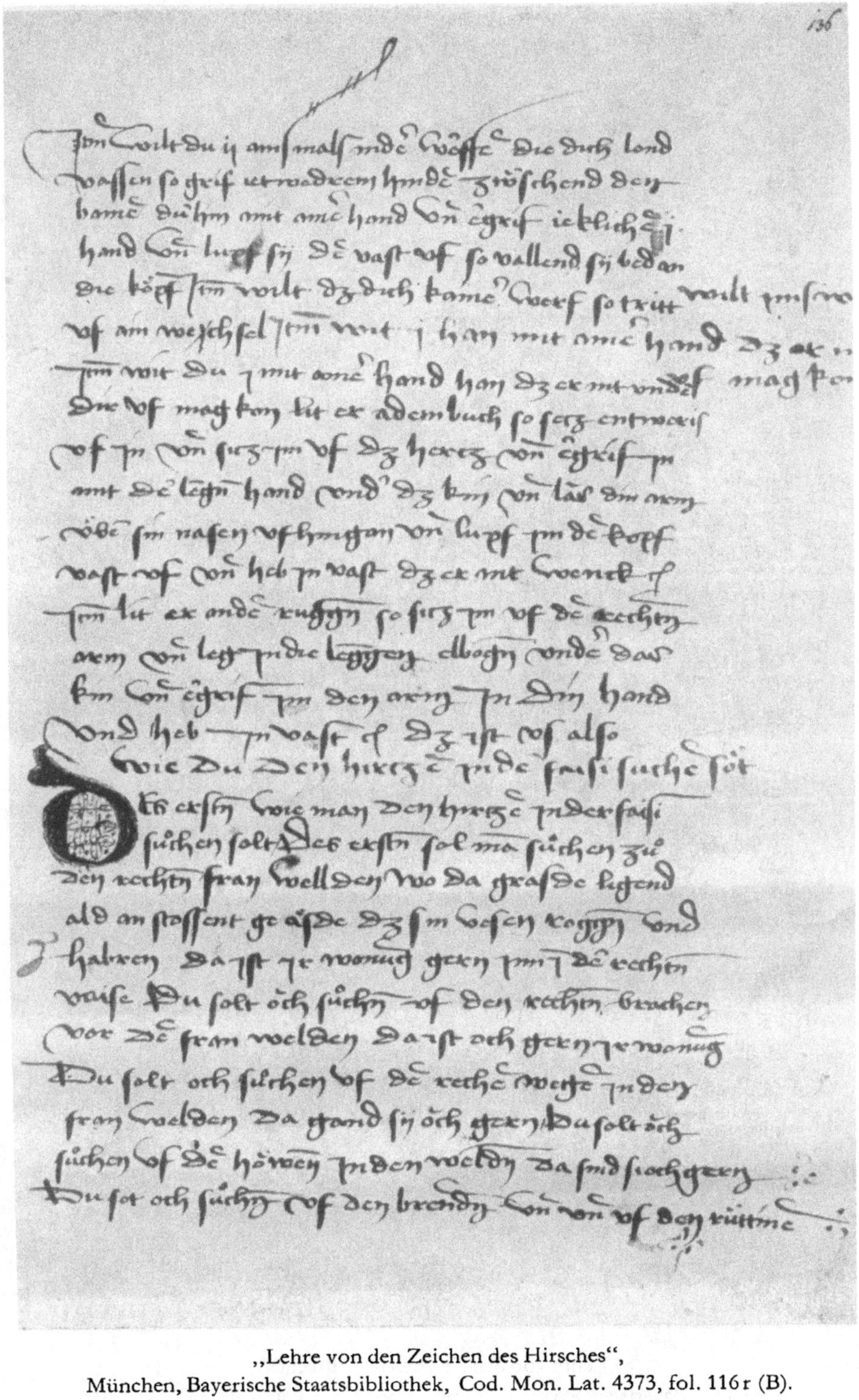

„Lehre von den Zeichen des Hirsches",
München, Bayerische Staatsbibliothek, Cod. Mon. Lat. 4373, fol. 116r (B).

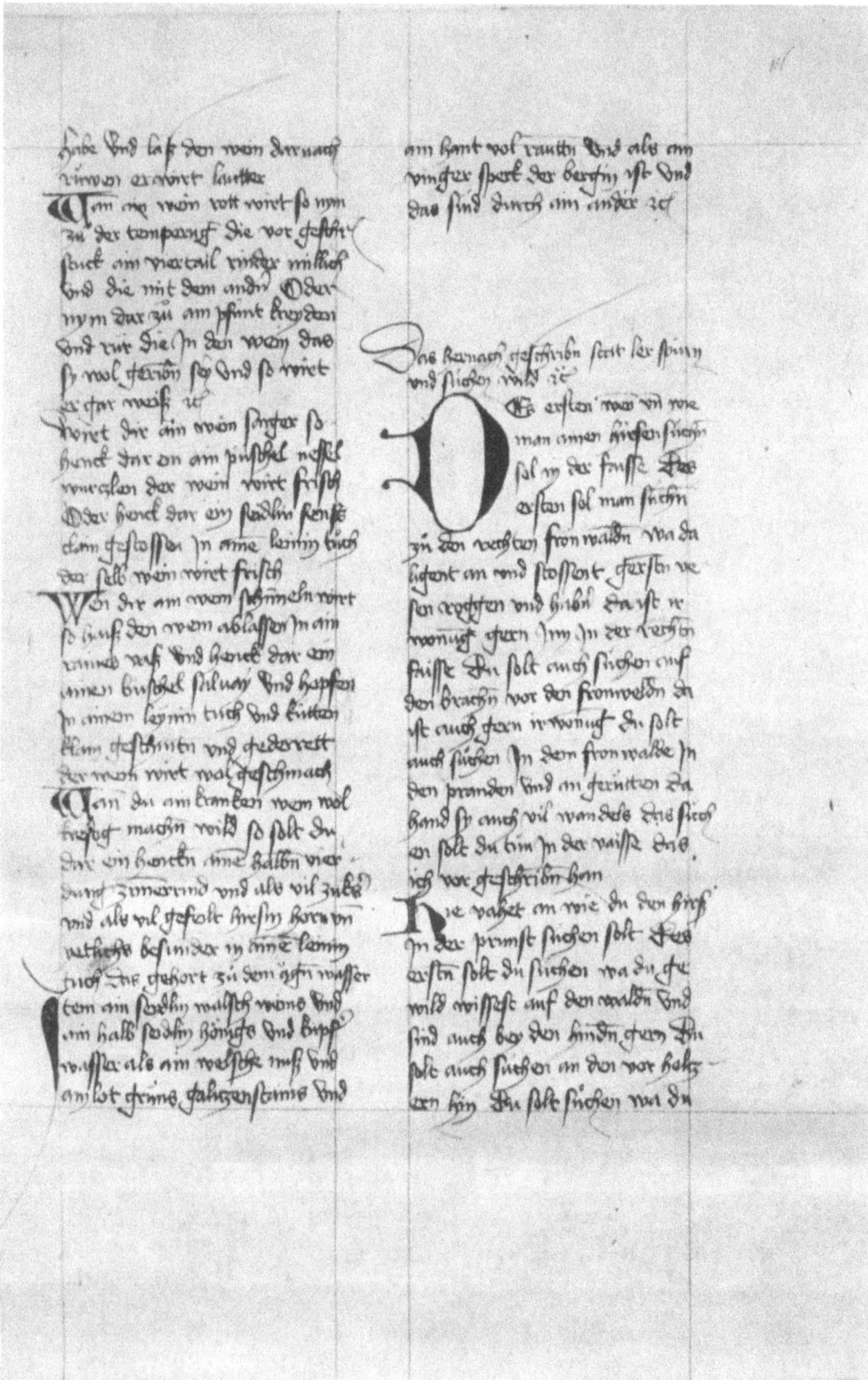

„Lehre von den Zeichen des Hirsches",
München, Bayerische Staatsbibliothek, Cod. Mon. Lat. 4373, fol. 116r (B).

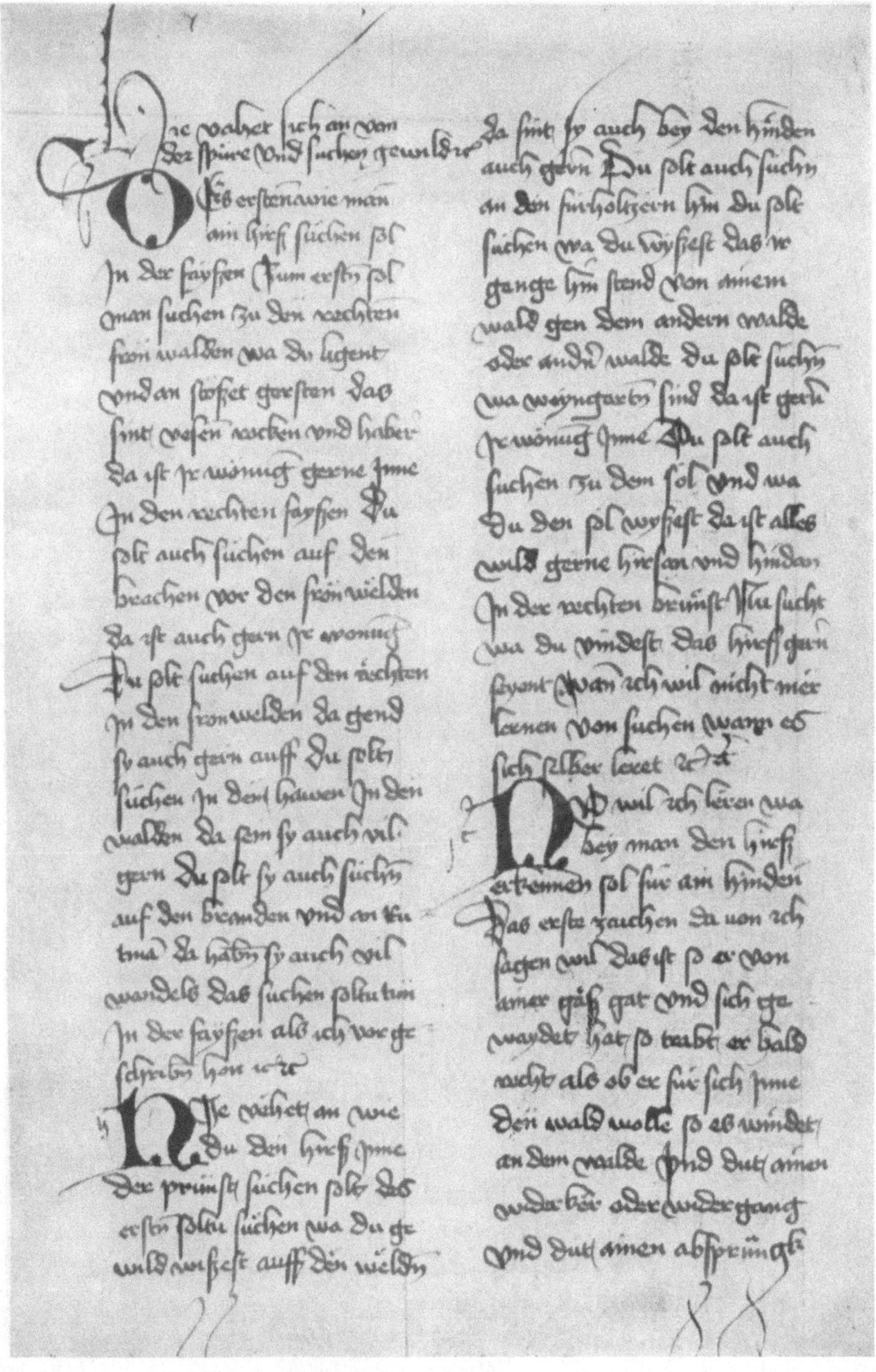

„Lehre von den Zeichen des Hirsches",
München, Bayerische Staatbibliothek, Cod. Mon. Germ. 289, fol. 103 v (C).

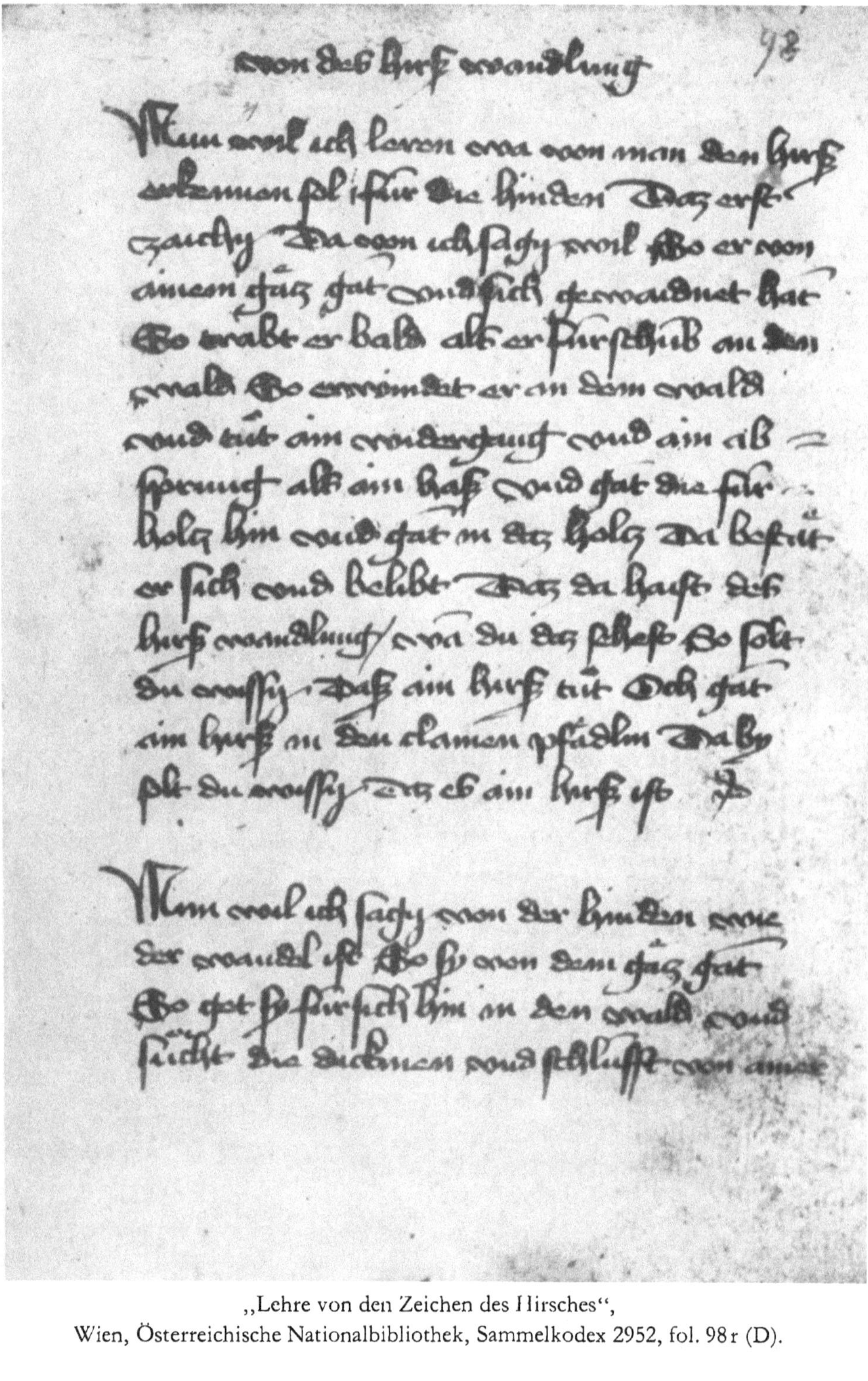

„Lehre von den Zeichen des Hirsches“,
Wien, Österreichische Nationalbibliothek, Sammelkodex 2952, fol. 98r (D).

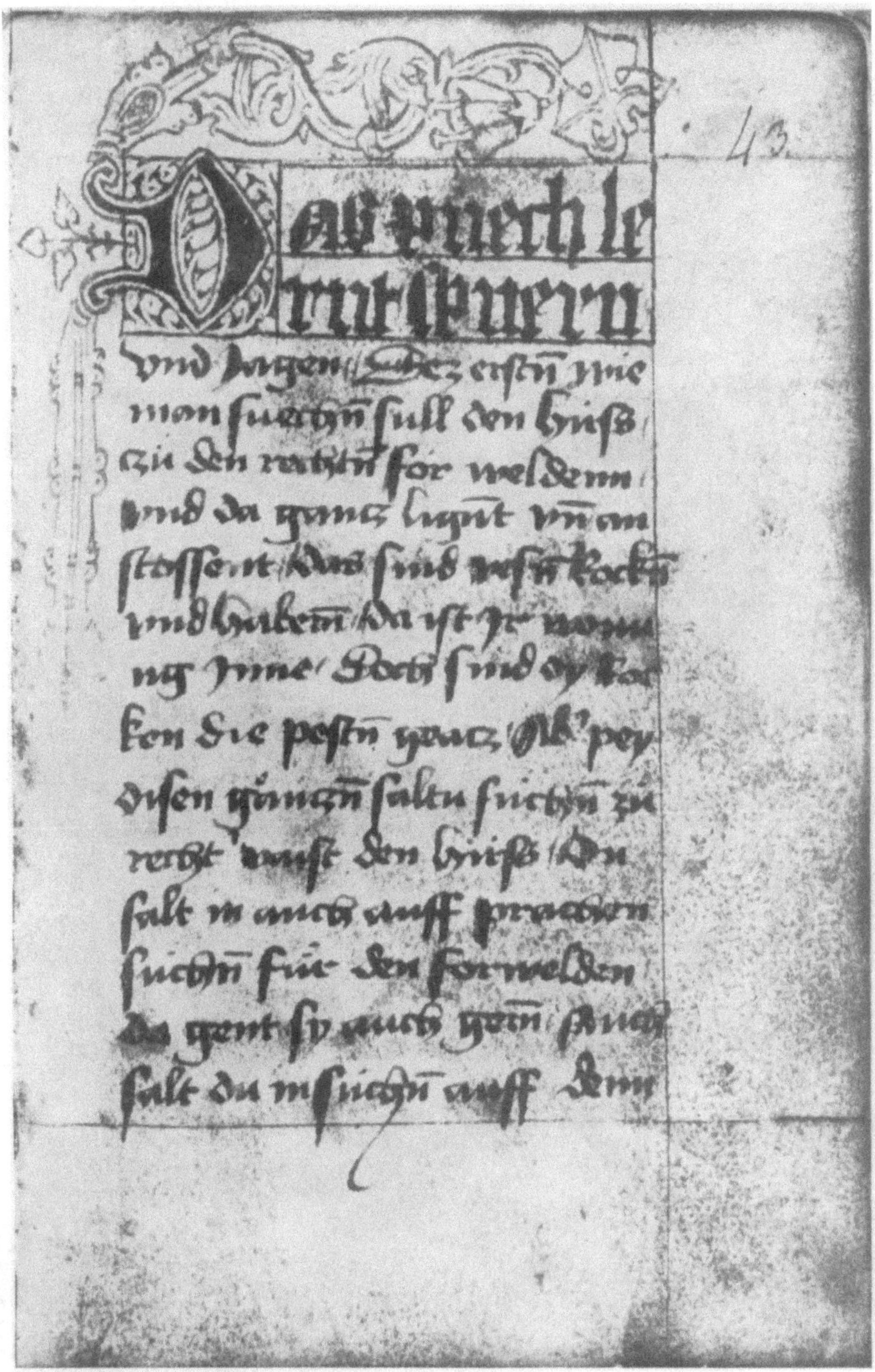

„Lehre von den Zeichen des Hirsches“,
München, Universitätsbibliothek, Ms. 354. 8°, fol. 43r (E).

Kolorierte Federzeichnung zur „Lehre von den Zeichen des Hirsches"
aus der Handschrift der Universitätsbibliothek München, Ms. 354. 8°, fol. 42 v.

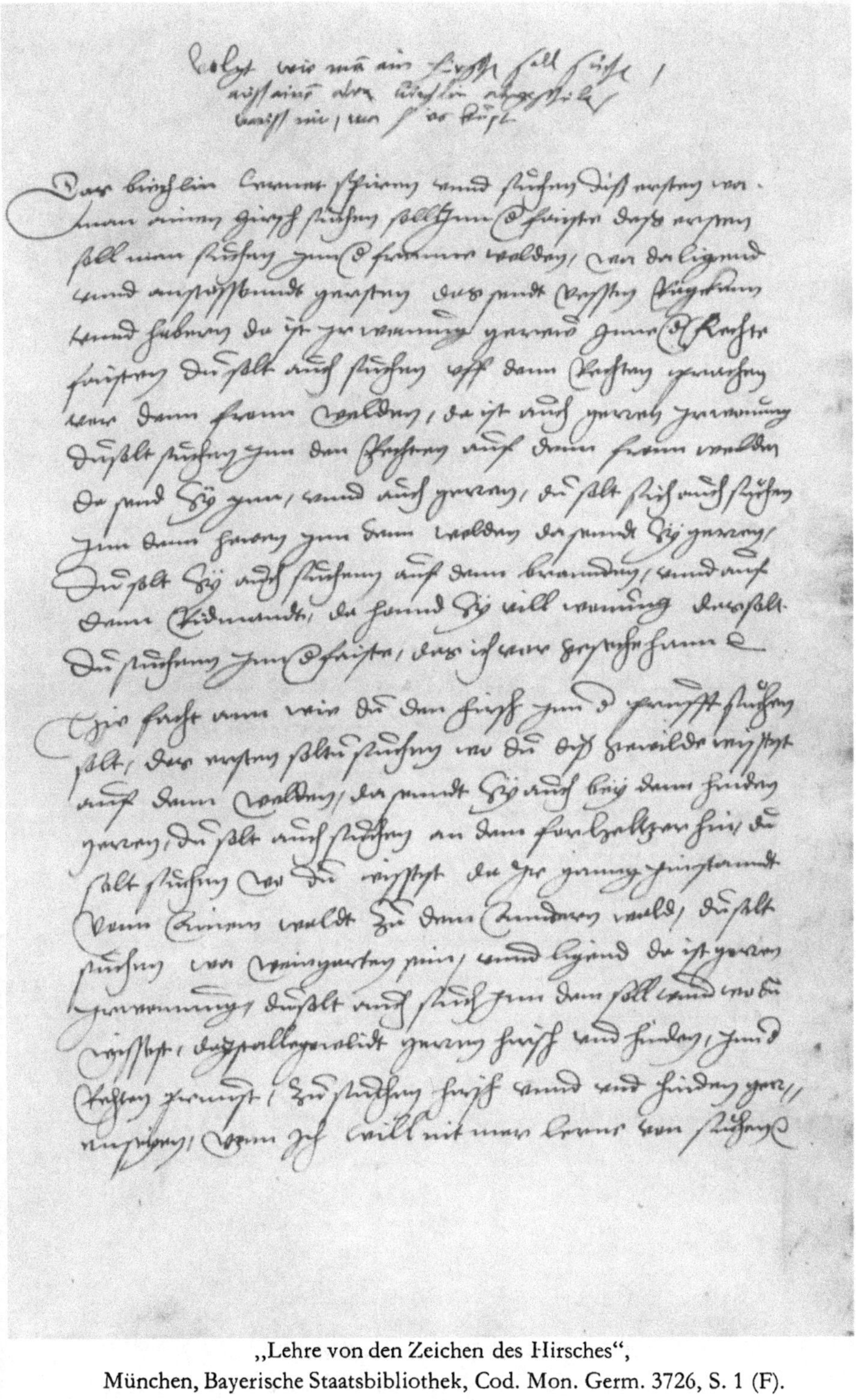

„Lehre von den Zeichen des Hirsches“,
München, Bayerische Staatsbibliothek, Cod. Mon. Germ. 3726, S. 1 (F).

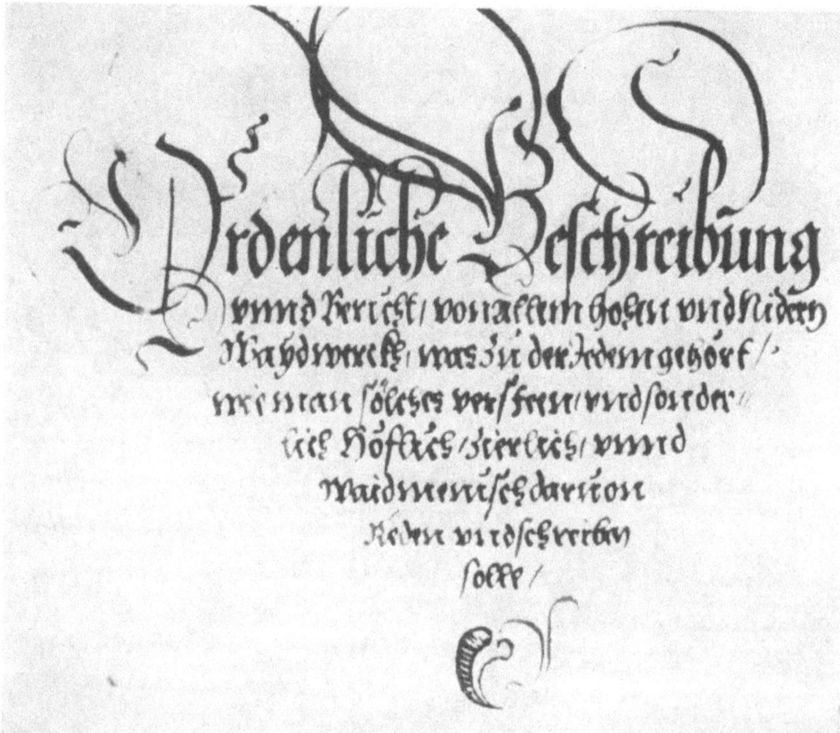

Ordenliche Beschreibung vnnd Bericht / von allem hohen vnd nidern Waydwerckh / was zu der Jegerey gehört / wie man sölches verstehen / vnd sonderlich höflich / zierlich / vnnd waidmenisch daruon Reden vnd schreiben solle /

„Lehre von den Zeichen des Hirsches",
Wolfenbüttel, Herzog-August-Bibliothek, Hs. 67. 3. Aug. 8°, Titelblatt (G).

Hernach volgen Maysterli-
che Stuck von Jagen vnd Spüren.

Zwischentitel zur „Lehre von den Zeichen des Hirsches“,
aus MEysterliche stuck von Bayssen vnd Jagen, Augsburg 1531 (Heinrich Stayner), fol. F II v (H).

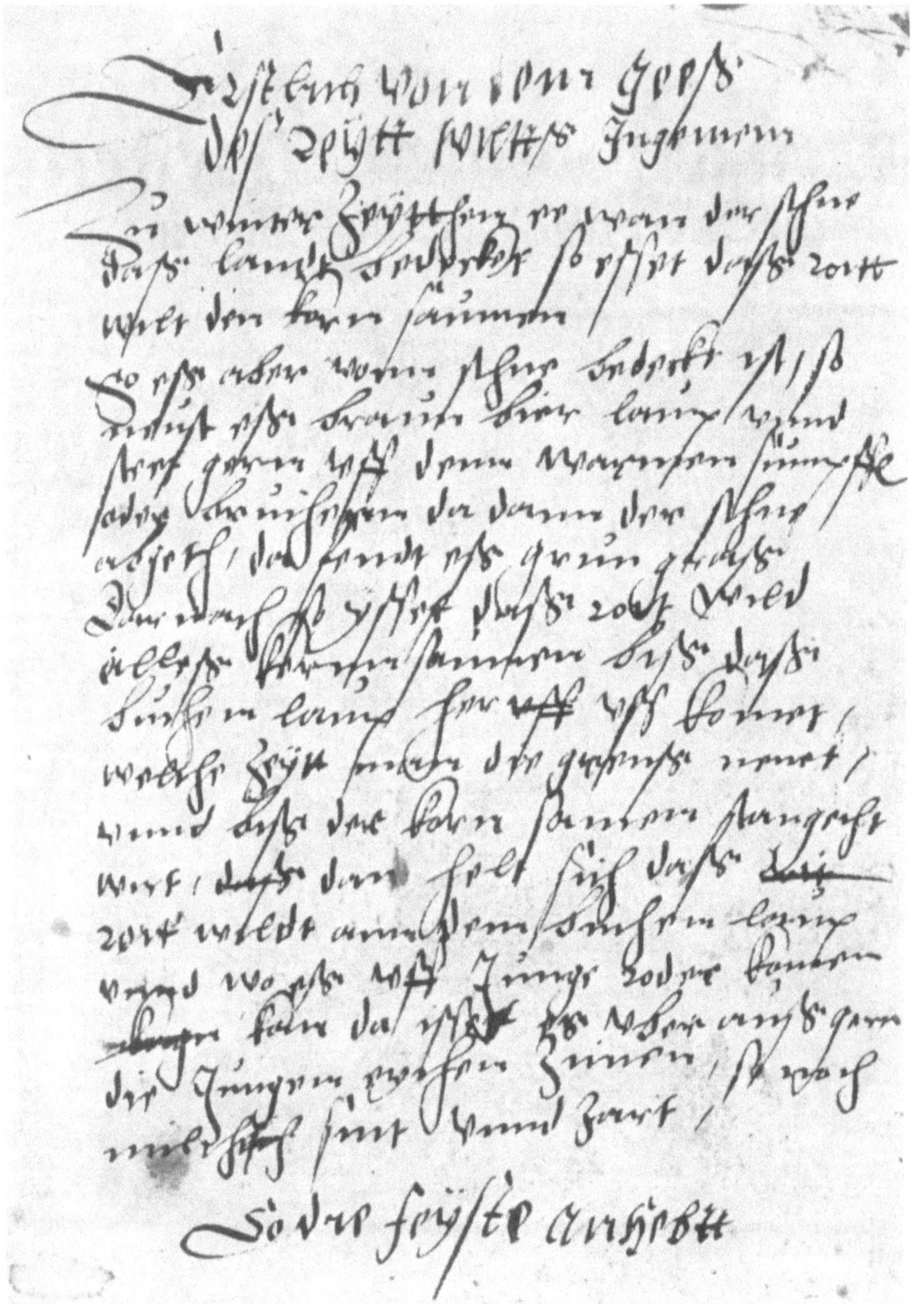

Die „Lehre von den Zeichen des Hirsches" des Freiherrn Kuno zu Winenburg und Beilstein, Stuttgart, Württembergisches Hauptstaatsarchiv, Lade A 59, Forstsachen, Büschel 1, S. 2 (S).

Titelblatt der Wolfskeelschen Handschrift der „Lehre von den Zeichen des Hirsches", Stuttgart, Württembergische Landesbibliothek, Cod. cam. et oec. qu./oct. 9 (T).

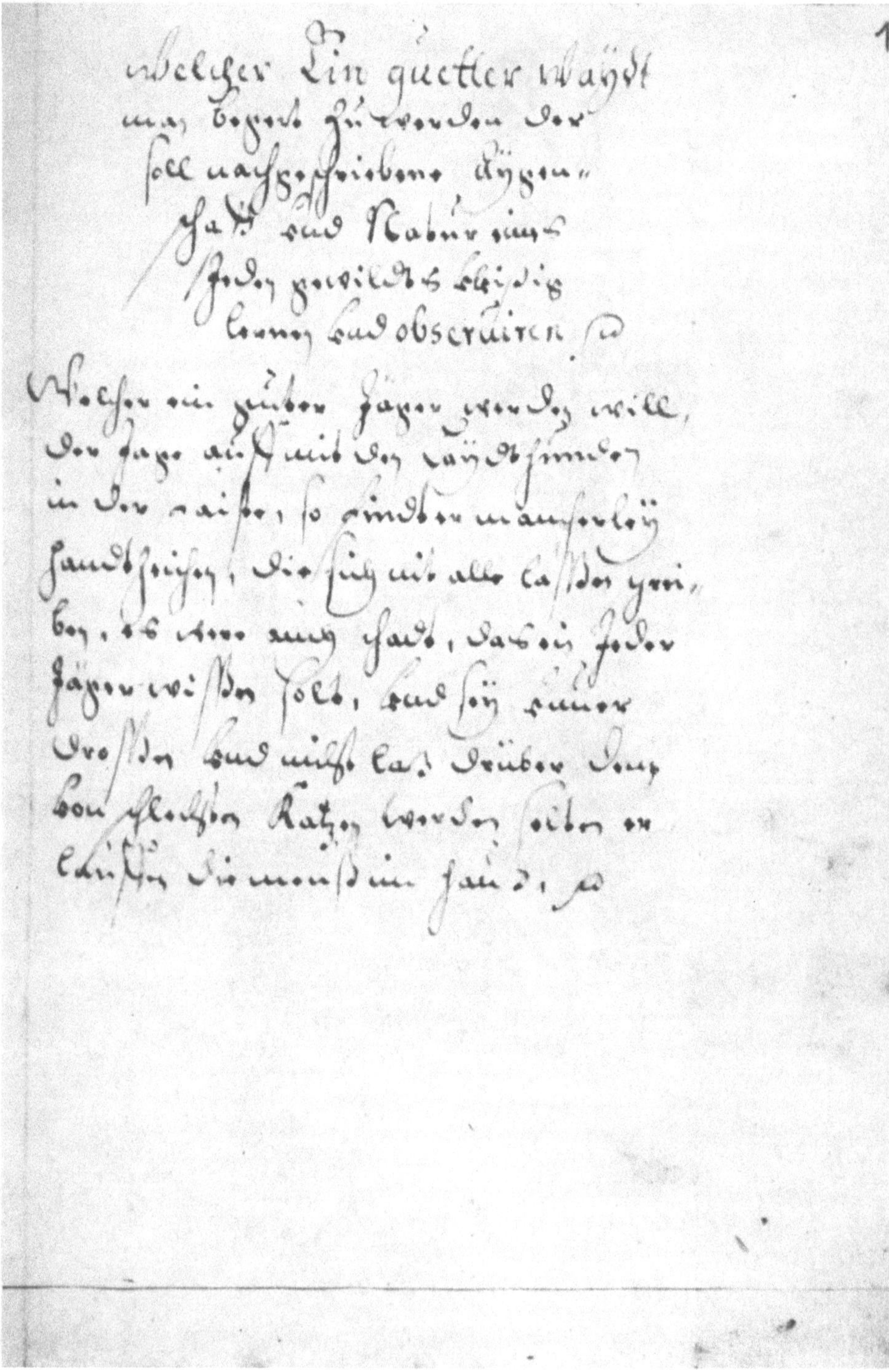

Aus der Wolfskeelschen Handschrift,
Stuttgart, Württembergische Landesbibliothek, Cod. cam. et oec. qu./oct. 9, fol. 1r (T).

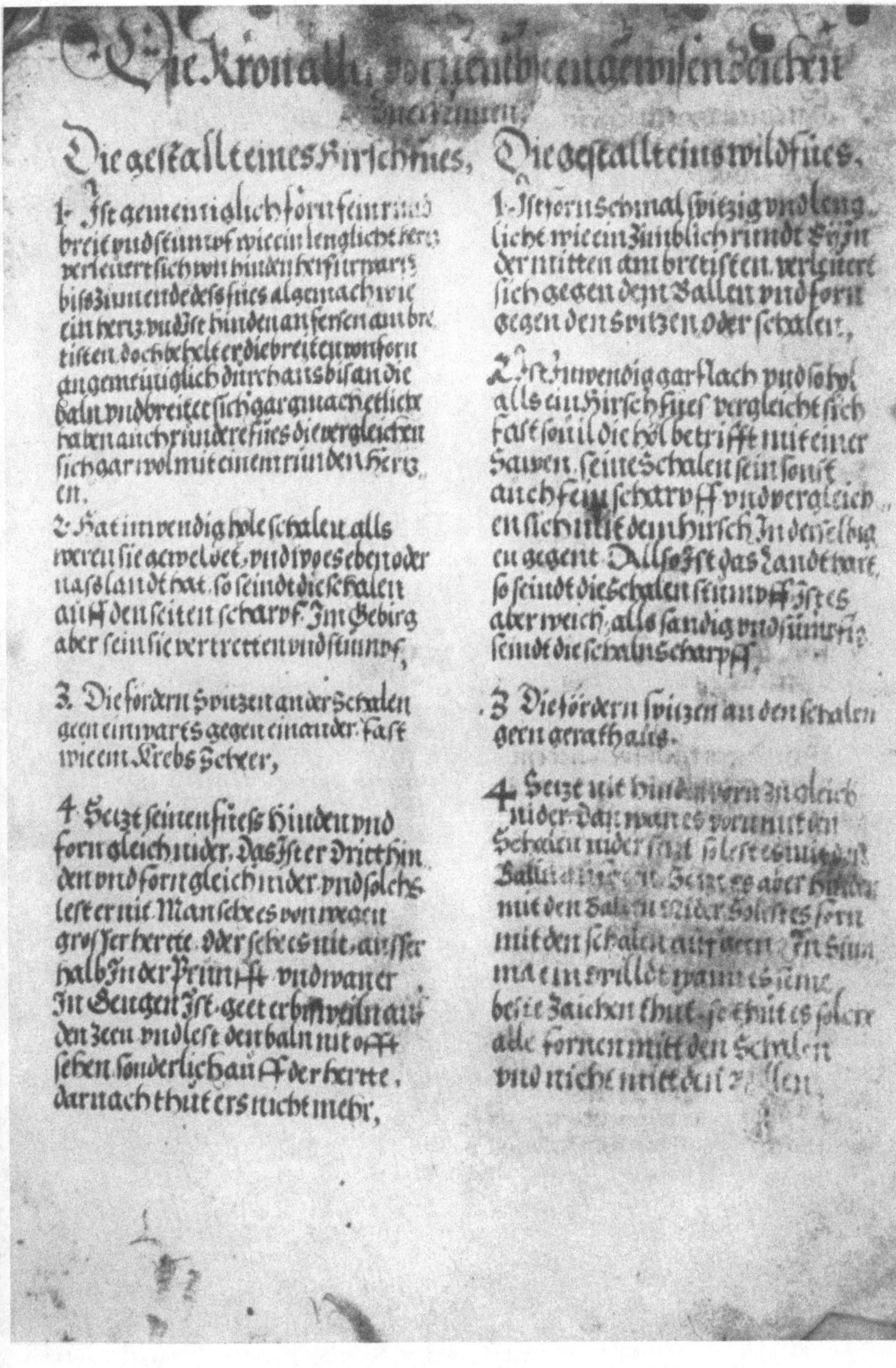

Die Kronalth[illegible] gewisen zeichen [illegible] erkennen,

Die gestallt eines Hirschfües,

1. Ist gemeniglich forn fein rund breit und stumpf wie ein lenglichs herz verleuert sich von hinden herfürwarts biss zum ende dess fües allgemach wie ein herz, und ist hinden an fersen am breitisten. doch behelt er die breiten von forn an gemeniglich durchauss bis an die baln und breitet sich gar genau etliche haben auch runde fües die vergleichen sich gar wol mit einem runden Herzen.

2. Hat inwendig hole schalen, alls weren sie ausgeholet, und wo es eben oder nass landt hat, so seindt die schalen auff den seiten scharpf. Im Gebirg aber sein sie vertretten und stumpf,

3. Die fördern Spitzen an der Schalen geen einwarts gegen einander fast wie ein Krebs Scheer,

4. Setzt seinen fües hinden und forn gleich nider. das ist er dritt hinden und forn gleich nider und solchs lest er nit. Man sehe es von wegen grosser herte oder sehe es nit, ausserhalb in der Prunfft und wann er im Scheugen ist, geet er bisweiln auf den zeen und lest den baln nit offt sehen sonderlich auff der herte, darnach thut ers nicht mehr,

Die gestallt eins wildfües,

1. Ist er forn schmal spitzig und lenglicht wie ein zimblich rundt Ey, in der mitten am breitisten, verlenert sich gegen dem Ballen und forn gegen den spitzen oder schalen,

2. Ist inwendig gar flach und [illegible] alls ein Hirschfües vergleicht sich fast so vil die hol betrifft mit einer Sawen. seine Schalen sein sonst auch fein scharpff und vergleichen sich mit dem Hirsch in derselbigen gegent. Allso ist das Landt hart, so seindt die schalen stumpf, ist es aber weich, alls sandig und sümpfig seindt die schaln scharpff,

3. Die fördern spitzen an den schalen geen gerathaus.

4. Setzt nit hinden vorn zu gleich nider, dan wan es vorn mit den Schalen nider setzt, so lest es [illegible] Ballen [illegible]. Setzt es aber hinden mit den Ballen nider, So setzt es forn mit den schalen auff [illegible]. In Summa [illegible] wann es seine beste Zaichen thut, so thut es solche alle fornen mit den Schalen und nicht mit den Ballen,

Aus der Handschrift der Bibliothek Hohenlohe
des Hohenloheschen Zentral-Archivs Neuenstein, Nr. W. 5, fol. 1r (U).

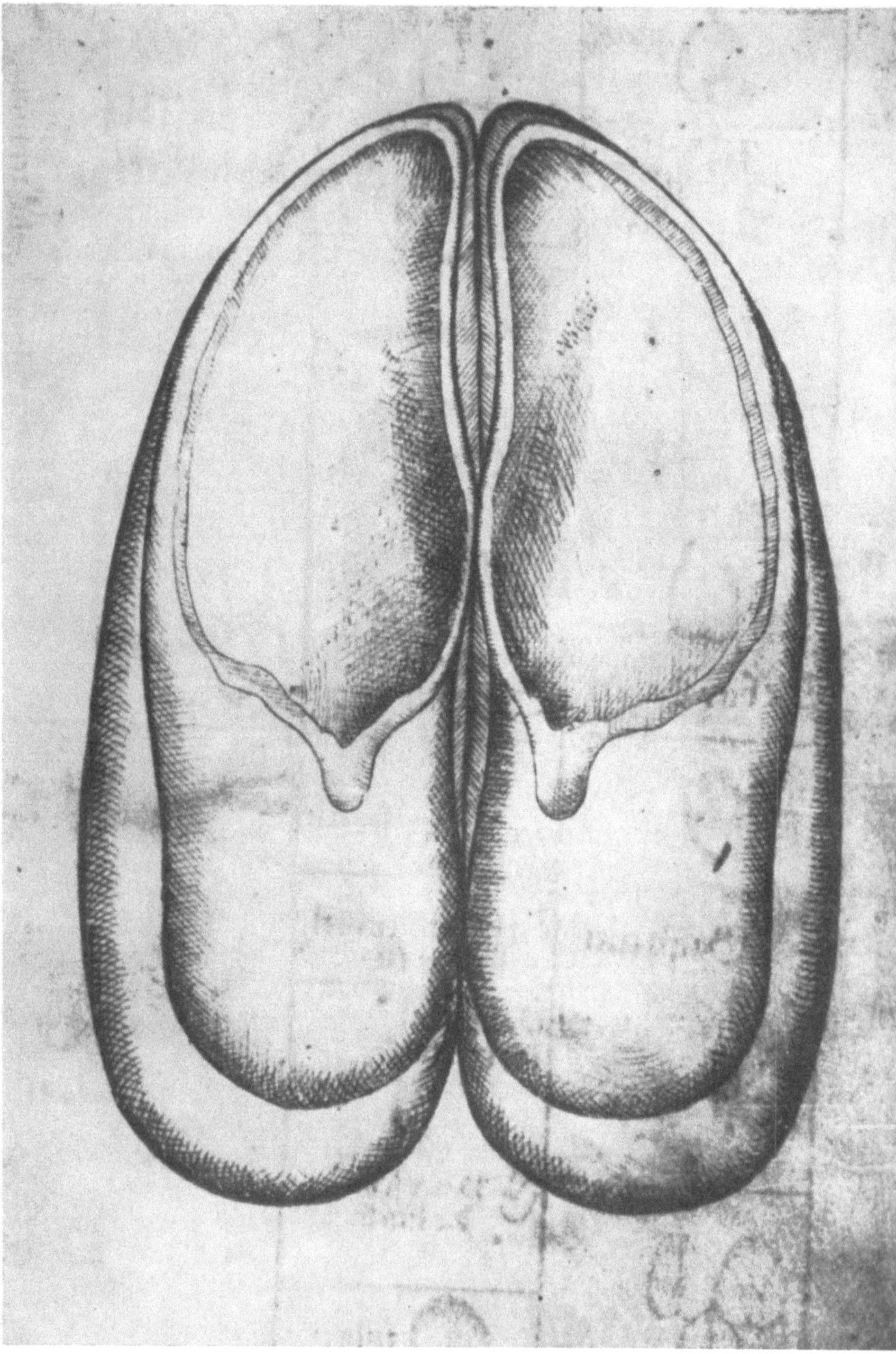

Hirschfuß aus der Handschrift der Bibliothek Hohenlohe
des Hohenloheschen Zentral-Archivs Neuenstein, Nr. W. 5, fol. 15r.

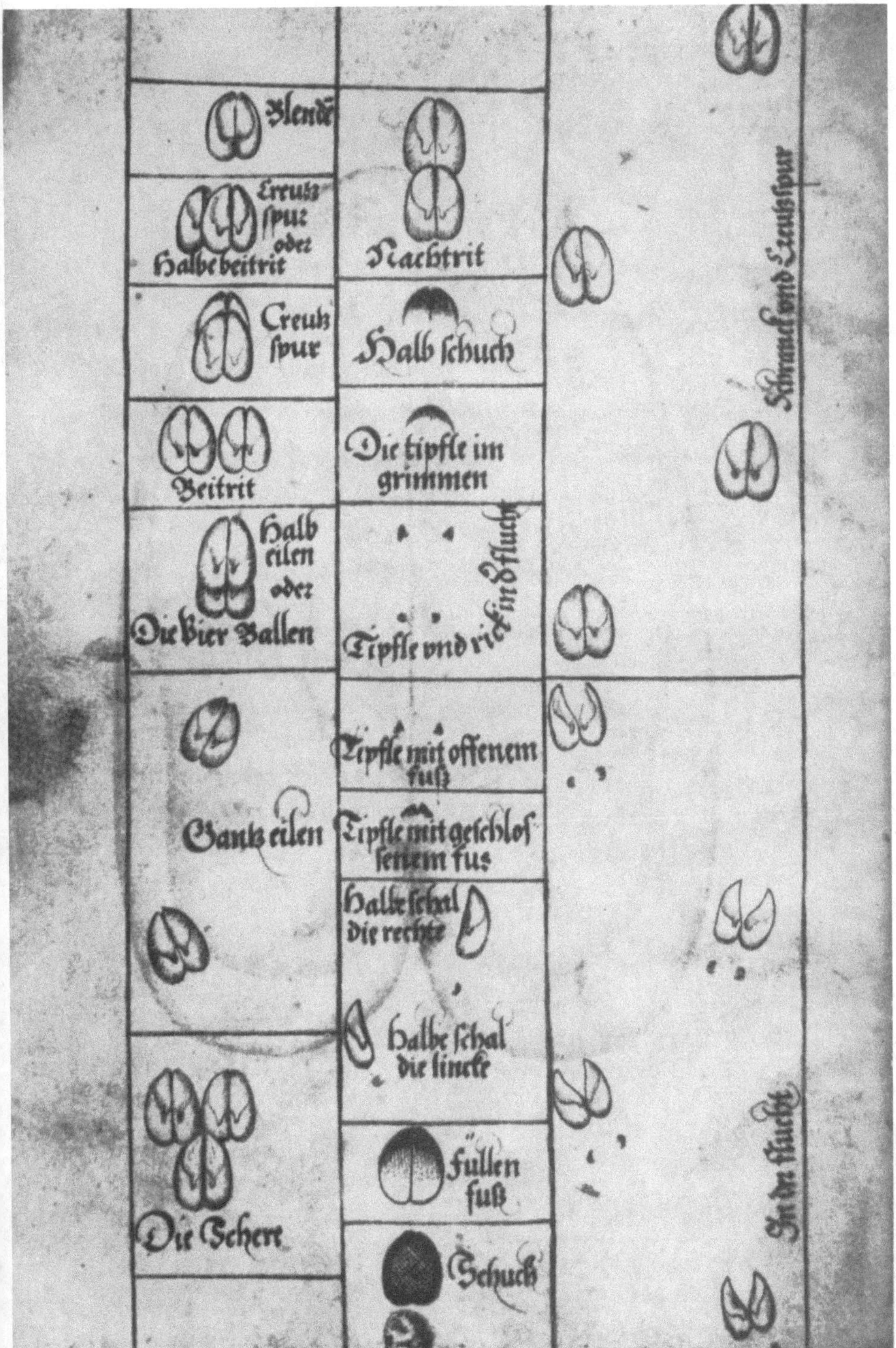

Trittbilder aus der Handschrift der Bibliothek Hohenlohe des Hohenloheschen Zentral-Archivs Neuenstein, Nr. W. 5, fol. 15 v.

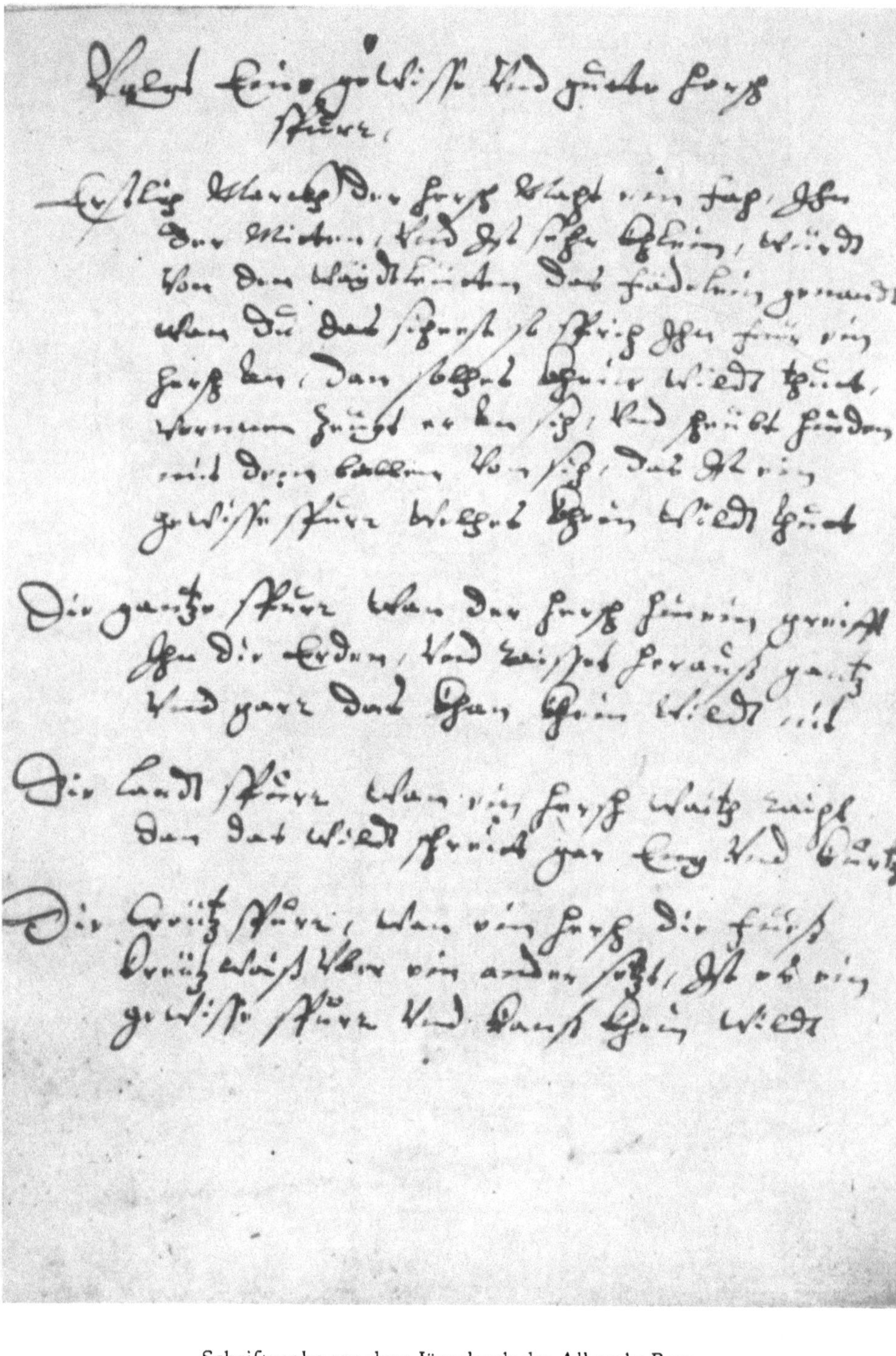

Schriftprobe aus dem Jägerbuch des Albrecht Retz,
Bibliothek Hohenlohe des Hohenloheschen Zentral-Archivs Neuenstein
Hoh. B. 8/15, fol. 7v (V).

(1.) Wie du den hircze*n* jn de*r* faisi[1]) suche*n* söt. 136r

Des erste*n* wie man den hircze*n* jn der faisi sûchen solt. Des erste*n* sol ma*n* sûchen zû den rechte*n* fran wellden[2]) wo da g[e]asde ligend als an stossent. geäsde dz sin vesen[3]), rogge*n* vnd habren. da jst jr wonu*n*g gern jnn j*n* de*r* rechte*n* vaise. Du solt och sûche*n* vf den rechte*n* brachen vor de*n* fran welden, da ist och gern jr wonu*n*g. Du solt och sûchen vf de*n* rechte*n* wege*n* jn den fran welden, da gand sy och gern. Du solt och sûchen vf de*n* höwen[4]) jn den welde*n*, da sind si och gern. Du sot och sûche*n* vf den brende*n*[5]) vn*d* (vn*d*) vf den rüttine*n*[6]). ‖ Da hand si och vil wandels. Dis 136v sûch sot du alles tûn jn de*r* vaisse.

(2.) Wie du d*e*n hircz j*n* de*r* brunst sûche*n* sot vn*d* wo du jn sûchen sot.

Hye vahet an wie du de*n* hircze*n* jn de*r* brünst sot sûchen. Des erste*n* sot du sûche*n* wo du gewild weist. vf den welde*n* da sind

---

Auf eine Wiedergabe der textlichen Abweichungen in Kapitel 1 wurde im Hinblick auf die Gegenüberstellung sämtlicher Varianten auf den Seiten 39 bis 41 verzichtet.

[3] Überschrift fehlt BCDFGHJ; Überschrift in E: Dy prunst, in K: 136v Hirschen zu suchen in der Brunnst.

[4] hebt sich statt vahet DE; jn statt den hircze*n* D; jn d*er* prunst den hirß E; prunst BG, prünst C, brunft D, prunsst F; G und J beginnen: Inn der Brunst soltu Hirsch suechen / wo du Wäld weist. auf den Wälden seind sie gern bey den Hinden.

[5] (in E) sûchen wie (wo E) du wilt vf den förste*n* (wiese*n* E), da sint sy ge*r*n by den hinde*n* statt sûche*n* wo du gewild weist. vf den welde*n* da sind sy och by de*n* hinden gerne DE; wo Wyld auff dem Forst ist / da sye es wyssendt / da sein sie gern bey H; die Wälde statt gewild K.

sy och by de*n* hinden gerne. Du solt och sůchen an de*m* fürholcz hin. Du solt och sůch*e*n wo du wissist dz jr genge hin stand vo*n* einem wald an den andre*n* wald. Du solt och sůchen [wa] wingart*e*n lig*e*nd. Da jst jr wonu*n*g jnne. Sůch och jn den welden vff den wegen. Du solt och sůchen zů dem sol[7]) vn*d* wo du sol wissist. da ist och als gewilde gern, hi*r*cz vn*d* hinde*n* an de*r* recht*e*n brunst. Sůch och wo du wissist da hi*r*cz gern sigit. wo*n* ich nit me wil leren vo*n* sůch*e*n wo*n* es lert sich selbe*r* wol.

---

[6] och vor sůchen fehlt E.

[7] hin fehlt E; och fehlt BCDF; gang sy od*e*r hin stand D, ganck vnd stand ist E statt genge hin stand.

[8] gen dem andr*e*n BC, czu dem and*e*rn DEFGHJ statt an den andre*n*; och fehlt BCEF; Sůch sy och czu den wingart*e*n D; wa weingart*e*n ligent BC, wa weingarten sein vnnd ligend F, wa weingärten seind GJ; zu den wingart*e*n E; bey den Weingärten K.

[9] ist gern ir BCEF; wonu*n*g gern jnn D; pey statt inne E; Auch salt du sy such*e*n statt Sůch och E.

[10] 136v[10] Du solt bis 136v[13] selbe*r* wol ist in D ersetzt durch: Sůch sy och czu der Sun*n*en da ist gern alles gewild. Dann fährt D im Text von Kap. 4 wie folgt fort: vnd waz vmb schlüfft daz ist ain hind. Daz tut der hirß nit wan*n* er můß vornen die wittin haben. Die hind ha*n*t och ainen spiczig*e*n fůß vnd wann sy ga*n*t, So ga*n*t sy mit ragendem fůß vnd mit ainem schlecht*e*n fůß vnd ha*n*t ainen kurcz*e*n trytt (Schluß); an d*e*r Sunne woe du die waist E, soll F, zu Sal, wo du Sal oder Waltz waist GJ, zů der Sonnen H; wo du Sul / oder Waltz / oder Pful K.

[11] och fehlt BCE; alles statt als CE.

[12] Nu sucht wa du vindest das statt Sůch och wo du wissist da C; vnnd suech fürbas wo du Wild waist, wann es lehret sich selber von tag zu tag (Schluß) GJ; von 136v[12] Sůch bis 136v[13] wol fehlt H.

[13] wol fehlt BC; wo*n* es lert sich selbe*r* wol fehlt F; ich wil da vo*n* nit mer lerne*n* statt ich nit bis Schluß E.

(3.) Wie du de*n* hi*r*cz erkenne*n* sol fur ein hin[d]e*n*.

Nu wil ich leren wo by du de*n* hircz*e*n erkenne*n* solt für ein hinden. Dz erst zeich*e*n da vo*n* ich sag*e*n wil dz ist so er vo*n* eine*r* geäsde gant vnd sich geweidet hant so trabat er bald rech als er fur sich jn de*n* wald wel. so erwindet er an dem wald vn*d* tůt eine*n* wige*r*gan vn*d* eine*n* spru*n*g recht als ein has vn*d* gant jn die fürholcz hin vn*d* ga*n*t de*nn* jn dz holcz vn*d* ga*n*t jn de*m* hohe*n* holcz vncz das die sund[8]) jn wol ertrincknet. so ga*n*t er den*n* wo er ein dicki[9]) findet ‖ des holczes. Da bestätnat[10]) er sich vn*d* belibz da. 137 r

---

14 Überschrift fehlt BCF; Überschrift in D: von des hirß wandlung; in E: Dez hirs wandlu*n*g; in H: Der Hyrß wandlung; in GJ: Wie der Hürsch vor der Hindin zu erkennen sey; in K: Wie deß Hirschen Wandel ist / do er vom Essen gehet / vnd wie er von der Hindin zu erkennen sey.

15 man statt du BCDEFH; die statt den F; die statt ein DEH; der ganze erste Satz fehlt GJ.

16 dz ist fehlt DEH; da vo*n* ich sag*e*n wil dz fehlt GJK; dem statt einer B; graß F, Essen GJK statt geäsde.

17 rech fehlt BEH; als er fürschüb an den wald statt rech als er fur sich jn de*n* wald wel D; als soll er jnn denn wald statt als er fur sich jn de*n* wald wel F.

18 wald vor wel fehlt B; so es windet an dem walde C; so erwinter ker od*e*r wider gann, vnnd ainen abspru*n*g Recht als ain gaiß statt 136 v[18] so bis 136 v[19] has F; wenndet sich doch von dem Wald statt erwindet er an dem wald GJK.

19 ainen widerker oder ain widergan BC, widergang DGJK, widderganng H; absprung BCDEGHJK statt spru*n*g; recht fehlt DEGHJ; Fehr Holtz statt fürholcz K.

20 vn*d* ga*n*t jn de*m* hohe*n* holcz fehlt CGJ; von 136 v[20] vn*d* ga*n*t jn bis 136 v[22] holczes fehlt DEH; die höchnin B, Hoch Holtz F statt de*m* hohe*n* holcz.

21 bis statt vncz B; die Sun wol getrucknet B, dy sünne wol ertrücknet C, die Sonn wol getrücknet GJ.

22 dickin B, dicken C, trückne F, dicke GJ statt dicki; bestaunt B, bestanet C, bestät DH, bestett EG, bestatt F, bestehet J statt bestätnat.

dz hais der hi*r*czen wa*n*delunge[11]). wo du dz sichst so solt du wissen dz es ein hircz tůt. Och ga*n*t d*er* hi*r*cz gern jn den kleine*n* pfedlin. da by sot du me[r]cken dz es ein hircz jst.

(4.) Vo*n* de*r* hind*e*n wandlu*n*g so sy vo*n* de*r* geäsde ga*n*t.

Nu wil ich sag*e*n wo(*n*) der hind*e*n wandlu*n*g ist, so sy vo*n* de*r* geäsde gänt. So gät sy für sich jn d*e*n wald vnd sůcht nu*n* die dikina*n* vn*d* schlüft[12]) vo*n* eine*r* studen zů der andren vn*d* bestätnat sich och jn eine*r* diki. da by sot du me*r*k*e*n dz es ain hind ist, wan

---

137r [1] Daz da D, Daz zach*e*n E statt dz; sichst od*er* hertt F.

[2] es fehlt DF; dz statt es GJ; er statt de*r* hi*r*cz BCFGJ; ain statt d*er* D; eng*e*n statt kleine*n* E; bächlin B, bächlen C, bechlin F statt pfedlin; plädlin D, pfedlein E, pfädtlen H, Pfädlin G, pfätlin J, Betthlein K.

[3] wiss*e*n D, eyg*e*ntlich wiss*e*n E statt me[r]cken; tüt statt jst E; Der ganze letzte Satz fehlt F und ist in H zu den Worten „das merck auch" zusammengezogen.

[4] Überschrift fehlt BCDEF; Überschrift in GJ: Wie der Hindin wanndel ist so sie von dem Essen geht; in H: Von den Hynden / wie deren wanndel ist; in K: Wie der Hindin Wandel ist / wo hin sie vom essen gehet.

[5] von der (den E) hinden wie der wandel ist BCDEF; So ein Hyndt von dem geätz gehet H; der ganze erste Satz fehlt GJK.

[7] gäß BC, gäcz D, geatz E, geß F statt geäsde; Die Hünde geht statt So gät sy GJK; sich hin in D; frisch statt für sich F; nun fehlt BDEGHJK; vmb statt nun F.

[8] dickin B, dicke C, dickinen D, Dickw E, diekne F, tickung G, dickin H, dickung J, dicken K; slürft B, sleuffet C, schlüfft D, sleuft E, schleufft FGHJK; staud*e*n BCFGJ, dicken studen DE; dicke H, statt K statt studen; jnn die statt zů der FH.

[9] dickin BD, dicken C, dicke E, dickne F, dicki G, dicke H, dicken JK: du fehlt B; wissen statt me*r*k*e*n GJK; von 137 r[9] wan bis 137 r[15] sig fehlt D.

sy also vm sich schlüift. dz mag de*r* hircz nit getuen. wan er mûs nu*n* die wittina*n*[13]) gan. Die hind die ha*n*t ein spiczige*n* fûß vn*d* wen sy ga*n*t so ga*n*t sy mit ragede*m* fûß vn*d* mit eine*m* recht*e*n fûß vn*d* ha*n*t eine*n* ku*r*cze*n* schrit vn*d* ist eng hinen zwüschent den aberklaw[14]), wan dz abe*r*klaw stat für sich vn*d* jst eng vn*d* cru*m* vn*d* spicz. by disez ziechen merck dz es ein hind sig.

(5.) Vo*n* des hi*r*cze*n* zeich*e*n so er jn dz holcz ga*n*t.

Dis sind die zeichen die ein hircz tût. dz erst jst wen*n* de*r*

---

[10] sich fehlt E; schluiffet B, schüffet C, sleufft E, vmschlufft F, schleufft GJK, schleuffet H.

[11] nu*n* fehlt BGHJK; newr C, nur E, statt nu*n*; weitin B, weyten CJ, wittin D, weit E, weiten F, weyte G, weytten H, weite K; haben DF, han E statt gan; vnd die hind hat B; ha*n*t och D.

[12] nit ain slecht*e*n fûß BFH statt wen sy ga*n*t so ga*n*t sy mit ragede*m* fûß vn*d* mit eine*m* recht*e*n fûß; vnd wen sy ga*n*t so ga*n*t sy mit ragede*m* fûß vnd mit eine*m* recht*e*n fûß fehlt C; schlecht*e*n statt recht*e*n DE; vnd mit schlechtem statt fûß vn*d* mit eine*m* recht*e*n GJK.

[13] trytt statt schrit DEH (Schluß, von 137r[13] vn*d* ist bis 137r[15] sig fehlt DEH).

[14] abe*r*cloen BC, ober klawen G, Oberklauwe*n* J, ob er Klawen K, die Worte zwischen 137r[13] zwüschent und 137r[15] spicz sind in E völlig sinnentstellt; hinden seind sy spitzig, schlecht vnnd dynn (rund K) statt wan dz abe*r*klaw stat für sich vn*d* jst eng vn*d* cru*m* vn*d* spicz GJK; wan fehlt BC; ober clo B, abe*r*klaen C.

[15] düne*n* statt cru*m* BC; solt du mercken BCF statt merck; darbey solstu sy erkennen statt by disez ziechen merck dz es ein hind sig GJ.

[16] Überschrift fehlt BCF; Überschrift in DH: Geschlag*e*n Mürben; in E: Beslagen Mürb*e*n; in GJ: Das zaichen des Hirsch / darbey du Erkennen solt / ob es ein Hirsch sey; in K: Folgen die Zeichen deß Hirschen / dabey du erkennen solt / ob es ein Hirsch sey. Das Gewendt oder wider Last.

[17] Ich will hie (hie fehlt E) leren (lerne*n* E) die zaich*e*n erkennen (erkenen

hircz jn dz holcz gant dz er den dz holcz vnd löb rüret mit dem gehürn[15]). dz zeichen heist dz gewenden oder der widerlicz[16]). Des selben zeichens solt du gar guot lûgen won es tût an kain
137 v hind mit den oren[17]). du solt || och lûgen wo der hircz gefürbet[18]) hab sin gehürn an den bömlin vnd geschlagnet, won er schlecht dick so er doch gefurbet hant. dz ist och gar ein gût zeichen, vnd dz zeichen heis geschlagen[19]). Dz solt Och wissen wo der hircz zû

---

dy zaichen E) statt Dis sind die zeichen BCDEFH; Den Hursch zuerkennen soltu merken wan der Hirsch jnn das holtz geth GJK; jst fehlt BCDEFH; so ain statt wenn der DEH.

[18] gen statt jn dz DEH; so rürt er daz laub statt dz er den dz holcz vnd löb rüret E; vnd löb fehlt D; vnd das Laub mit den Hörnnen rürt statt dz er den dz holcz vnd löb rüret mit dem gehürn GJK.

[19] gehünr D, gehürn E, gerhulben F statt gehürn; gewend BCEF, gebend D, gepend H, gewende GJ statt gewenden; wilder licz B, wider lytze C, widerlinczen D, wiederhis E, gelitz F, widerlaß GJ, widderlytz H.

[20] K gibt dem mit den Worten Des selben beginnenden Teil eine eigene Überschrift: Geschlagen. Der statt Des C; das Zaichen statt Des selben zeichens GJ; selben zeichens fehlt H; gar fehlt C; gar guot fehlt F; genäm BC, genaw E, gemach G, genach J, vor allen dingenn wol H statt guot; war nemen DEH, suechen G statt lûgen; an fehlt BCDEFGHJ.

[21] hirs statt hind BC; nit statt mit den oren D; wan er an den bömlin geschlagen hab sin gehünr statt wo der hircz gefürbet hab sin gehürn an den bömlin vnd geschlagnet D; geferbet F.

137 v [1] bäm B, pawmen C, bömlin D, pewmlein E, beme F, Baumen G, Böumlein J, Bäumlein K statt bömlin; vngeschlagen statt vnd geschlagnet F.

[2] doch fehlt DF; digk statt doch E; gefertet statt gefurbet F; och fehlt B; dz ist och gar ein gût zeichen, vnd fehlt DEH; och gar ein gût zeichen, vnd dz zeichen heis fehlt F.

[3] dz zeichen fehlt GJK; Du statt Dz BC; Du solt auch mercken statt Dz solt Och wissen GJK; wenn ain statt wo der DE.

einem ameshuffen kumt oder zů eim scherhuffen[20]) oder sust zů einem huffen. Dz er denn dz mit dem gehürn vnd mit den füsen gern zefürt. da by merck dz es ein hircz sy. dz zeichen hest dz rüren[21]).

(6.) Wie der hircz jn die hert[22]) tritt.

Och sot du wissen dz ein hircz vester jn den hert tritt den ain hind, wenn ein grosses ros tritt vester denn ein kleins, dar an sot du och lůgen vnd bischaft[23]) nemen, wän es ist och vs der massen

---

[4] amäßhauffen und scherhauffen in der Reihenfolge vertauscht BCDEFGHJ; oder zů eim scherhuffen fehlt K; ainem andern hauffen BCGHJ; oder sust zů einem huffen fehlt E.

[5] bichel statt huffen F; er daz dann gern tůt mit dem gehünr czerwirffet D, so zerwürfft er das geren / mit dem gehürn H statt er denn dz mit dem gehürn vnd mit den füsen gern zefürt D; denn fehlt E; dz fehlt BGJK; das gern statt dz E; hürn statt gehürn B; mit den fehlt GJ; zuwirft statt vnd mit den füsen gern zefürt E; mit Hörnern zerrüttet / oder mit den Füssen K.

[6] Da pey solt du mercken statt da by merck BCF; da by merck dz es ein hircz sy fehlt DEH.

[7] dörprüren B, mürben DE, ernenen F, Murben H statt dz rüren. Die letzten fünf Worte fehlen GJ.

[8] Überschrift fehlt BCFGJK; Überschrift in DEH: Abtrytt bytrytt (peytritt E, Beytrit H).

[9] Hie sol man merken (wyssen EH) statt Och sot du wissen DEH, merckhen statt wissen F; tieffer GJ, dicker K statt vester; jn den hert fehlt EH; der hertte trabt statt den hert tritt C; trit statt hert F; wann die (eyn H) statt den ain DH.

[10] ain yetlichs (ygklich CF) groß BCF; tut statt tritt F; vester in den hert dann BCF; tieffer statt vester GJ; vnd by dem solt du merken statt wenn ein grosses ros tritt vester denn ein kleins, dar an sot du och lůgen DEH.

[11] wissen (abnemmen J), dass ain hirsch ist statt 137v[11] och bis 137v[12] gůt GJ; eigenschaft E, Beyspil H statt bischaft; och vor vs fehlt BCDEFH.

gůt. du sol och lůg*en* ein hircz schrit och vil wit*er* den ain hind. disy zwei, die by enandre*n* sind, sint güti bischaft, dz es ein hircz sy.

(7.) Wie de*r* hircz dz gres[24]) abtritt.

Du sot lůg*en* wo dz gres abtrett*en* sy so ein vart[25]) erspürst. de*r* hi*r*cz tritt dz gras ab recht als ob es mit eine*m* scharsach[26]) abgeschnitt*en* syg vn*d* tůt dz hina*n* mit dem [ballen][27]) vn*d* allend halb mit dem fůß. dz mag ein hind nit getůn. Sy tritt och ab dz gras. es ist abe*r* nit as ich forgeseit han. (sy) wa*n* sy ze*r*müdet[28]) es nun.

[12] och fehlt BC; mercken statt lůgen GJ; schreit BE, schreytt C, schritt D, schrit F, schreyttet H, viel weitter schreyttet (schreit J) GJ; och vil fehlt DEH.

[13] Dise (Dy E) tzway (DE) zaich*en* die ich benent (gesagt DE) han wa du die sechest bey ain ander das is ain gůt bischaft (czaich*en* DE, Kundtschafft F) BCDEF; so du die zway zaichen bey einander sihest / so ist zůgelawben / es sey ein Hyrß H; der letzte Satz aus Kap. 6 fehlt GJK.

[14] Überschrift fehlt BCDEFGHJK.

[15] Nu solt du statt Du sot BCF; solt och D; Lůg auch statt Du sot lůg*en* H; sehen statt lůg*en* E; auch mercken statt lůg*en* GJ; in E fehlen die ersten acht Worte, E beginnt: So du ein fart; graß BDFGHJ, gras C; da du B, so du CFGHJ, wa du D statt so; dann der GJ; den statt der E.

[16] hirß der BC; wan er trit statt tritt E; recht fehlt GJ; gleich statt recht E; wer ez statt als ob es . . . syg E; ainem scharpffen scharsach BCF; Senssen statt scharsach K; gehawen G, abgehauwe*n* J statt abgeschnitt*en*.

[17] hab statt syg CF; trytt statt tůt D; das thuet er statt vn*d* tůt dz GJK; ball B, balle C, ball*en* DF, pallen E, Ball GJ, pallenn H, Ballen K; allen fueßen statt allend halb mit dem fůß F; vn*d* allend halb mit dem fůß fehlt GH.

[18] das kan statt dz mag GJK; wan*n* so die (si statt so die E) dacz graß abtritt so ermürbt (zurmirbet E, zermurblet H) sy es. Mürb (nur statt Mürb E) DEH statt 137 v[18] Sy bis 137 v[19] nun.

[19] es ist fehlt B; das ist CF; wie vorgemelt statt as ich forgeseit han GJK;

Dz zeichen heisset der abtritt[29]).

(8.) Von dem bytritt[30]). ||

Nu sot gar guot lûgen wo du den hinden fûß by dem fordren 138r
sicht dz sy glich nebend anandren standint vnd ewedrer[31]) für den andren gang. dz ist gar ein gewis zeichen, won es enmag kein hind getuon. Dis zeichen heist der bytritt. dz ist dar von dz der hinder fûß dz der by dem fordren eben vnd glich stant. wen du dz sicht so macht du jn wol ansprechen[32]) vür ein hirczen.

---

zermürt B, zermörschen G, zermörschet J, zermischets K; wan sy zermüdet es nun fehlt CF.

[30] Dz zeichen heisset fehlt F; der ganze letzte Satz fehlt GJK.

[31] Überschrift fehlt BCDEFGHJ; Überschrift in K: Der Beytritt.

[1] Du statt Nu BCDEFGHJK; auch mercken wenn statt gar guot lûgen 138r
GJ; genot BC, eben DE, gegendt F statt guot; mircken vnd luegen statt lûgen E; wa der hinder fûß by dem vordren stett statt wo du den hinden fûß by dem fordren sicht D; hinden fueß hinden bey GJ.

[2] das du statt dz EH; beieinander statt nebend anandren GJK; sigst stan statt standint EH; kainer B, entweder C, ettweder D, einer wider E, enweder F, Jedwedrer G, kain H, jetweder J, keiner K statt ewedrer.

[3] sichst gan statt gang E; gar fehlt DEH; guet statt gewis F; das (dann J) es die (ein J) hindte nit thun mag statt won es enmag kein hind getuon GJ.

[4] nit getûn statt getuon DEH; peytritt B, beydritt C, bytrytt D, peytrit E, beytritt FG, Beytrytt H, beytritt J; von 138 r[4] dz ist bis 138 r[5] stant fehlt FH; von 138 r[4] dz ist bis Schluß fehlt GJ; dar von fehlt BCD.

[5] dz der fehlt BCD; neben statt eben DE; wer statt wen du F; So du statt wen du H.

[6] das zaichen sichst BCDEF; es statt jn D; jn fehlt F; für ain hirß ansprechen BC freylichen CF.

(9.) Von dem blenden oder erilen[33]) des hirczen.

Ein gût zeichen vnd wis zeichen des nim guot war wo du die wart verspürest: der hircz tritt mit dem hindren fûß jn den fordren. Dz ist vs der masn ein gût zeichen. dz zeichen heist blenden oder erilen. weders du da wilt also macht du es wol nemmen. vnd ist es da von won er den fordren fûß mit dem hindren blendet. won

---

[7] Überschrift fehlt BCFGJ; Überschrift in D: Blenden vnd aberylen, in E: Phendern oder vbereylen; in H: Plenden odder abeylen; in K: Das Blenden oder verlorne.

[8] Ich will ain gut gewiß zaichen leren des solt du gar genot war nemen wann wa du (Anfang) BCF; Ich will dich (och D) leren gar ain gût (vnd gewyß D) czaichen Des solt du gar eben warnemen wan du (Anfang) DH; Das ist auch gar ein gut gewiß zaichen / alz ich dicz iecz dich lerne / Dez saltu gar eben war nemen woe du (Anfang) E; Du solt auch mercken, wa du (die J) farth GJ; In K sind die ersten zehn Worte durch Item / ersetzt.

[9] vart BCE, vest D, fert F, fart H, Fehrt K; erspürest BCDEH, gespirst F, spürest GJK; so tritt der Hirsch statt der hircz tritt GJK; fuß gleich jn BCDEHJ; gleich statt fûß GK; vnd statt fûß jn den F.

[10] Die Worte 138r[14] dz sy bis 138r[16] jn den fordren sind in BCDEFGHJK (DEGJK fehlen die Worte jn den fordren) vor 138r[10] Dz ist gestellt; auch statt vs der masn GJ; vnd statt dz zeichen D; zeichen fehlt E; plendender ob er eylen wil B, plendender aberylen wil C, das plenden oder vbereylen E, plennderer eber eyllen will F statt blenden oder erilen; daz blenden D; haist man ein Erblenden (Blenden K) oder verloren (der Rest des Abschnittes fehlt, soweit nicht durch Umstellung vorweggenommen) GJK, Penndt H.

[11] aberylen D, abeylen H; welhes statt weders DEH; da fehlt BDEFH; das statt also BCF; es fehlt BCF; vnd hayst darumb das Plendt / Wann der hinnder tritt plendt den fordern / odder so der hynder tritt herfür gehet / hayst es ereylen statt 138r[11] also bis 138r[14] erilen H.

[12] es fehlt D; von 138r[12] es da bis 138r[13] heist es fehlt F; daz es statt won er DE.

er den mit de*m* hindre*n* fůß for de*n* fo*r*dren tritt, Da vo*n* heist es erilen. dis jst ein gůt gewis zeiche*n*. da*r*an zwifel nit dz sy jn ein ander nebe*n* stadi*n*t glich als ob es nu ein fůß sig. etwen tritt er hinfür mit de*m* hindre*n* fůß jn de*n* fordren.

(10.) Vo*n* de*m* blende*n* d*er* hinde*n*.

Ein hind tritt och mit de*m* fordre*n* fůß jn den hindre*n* abe*r* nit als volku*m*lich noch als hüpschlich als de*r* hircz.

(11.) Vo*m* zwinge*n*[34]) des fůses.

Ein ande*r* gewis zeiche*n*. de*r* hircz gant alweg mit beschlossem vn*d* mit betw[u]nge*m* fůß dz e*r* nit zwischent de*m* spal vs la*n*t.

---

13 es aber statt er den D; den fehlt BCE; fůß fehlt BC; Daz haist statt Da vo*n* heist es DE.

14 czaiche*n* vnd solt kain zweifel daran han (wa du es sichst BC) (Schluß) BCF; dis jst ein gůt gewis zeiche*n*. da*r*an zwifel nit fehlt DEH.

17 Überschrift fehlt BCDEFGHJK.

18 vnd die DE, Es trit die H, Item ein GJK statt Ein; nit statt och D; hinde*r*n (fůß DEFGJK) in den vorde*r*n statt fordre*n* fůß jn den hindre*n* BCDEFGJK; hyndern fůß herfür statt fordre*n* fůß jn den hindre*n* H.

19 volliklichen als der hirs statt volku*m*lich BCFH; noch als hüpschlich fehlt DEGHJK; als de*r* hircz fehlt GHJK.

20 Überschrift fehlt BCFGJ; Überschrift in D: zwingen; in E: Czwingen; in H: Zwingen; in K: Das Zwingen.

21 Aber muß ich (gar B) ain (gut CF) gewiß zaiche*n* leren BC, Ich wil dich (auch H) leren gar ain gůt (gewyß H) zaiche*n* DH, Avch wil ich dich lerne*n* gar ein gewis zaiche*n* E statt Ein ande*r* gewis zeiche*n*; der erste Satz fehlt GJ; Item der Hirsch GJK; mit ainem BCFGJK; besloßem füße CF.

22 vn*d* mit betwunge*m* fehlt B; mit aine*m* CF; mit fehlt DEGJK; wolgewegem D, vnbeczwunge*n* E, zwungen F, gezwungen GJK, gezwungnem H statt betwunge*m*; auf lest E, aufflöst H statt vs la*n*t.

dz zeich*e*n heiset zwinget. Dz jst da vo*n* dz er sine*n* fůß zwingt dz jm nit da zwisch*e*nt vs ga*n*t noch mag gon. dz mag ein kein ‖
138 v hind getůn dz sy als vast ire*n* fůß müg beschli(n)sen. jr gan(g) alweg da zwisch*e*nt vs.

(12.) Vo*n* des hircz vede*m*li[35]).

Aber güti zeich*e*n an des hi*r*czen fůß. Vm ga*n*t jm zwischent dem spalt enmitten jn de*m* fůß en klein vß vn*d* ga*n*t es glich

---

[23] zeich*e*n fehlt DEH; zwing*e*n BCF, daz zwingen DE, zwunngen H; von 138 r[23] Dz jst bis 138 v[1] müg fehlt B; von 138 r[23] Dz jst bis 138 r[24] gon fehlt DEH; von 138 r[23] dz zeich*e*n bis 138 r[24] gon fehlt GJK.

[24] noch fehlt CF; mag fehlt F; gon fehlt CF; Daz och ain hind nit getůn mag daz sy wen gang (den fuez statt wen gang E) als vestenklich (vast müg E) beschliess*e*n müg DE.

138 v [1] B endet: vnd beschliessen iren gang allweg da zwischint auß; als vast fehlt C; zwing*e*n gesloßen statt beschlisen C; das für jr füß müge gezwingen vnd geschließen F, vnnd mag yhre füß nicht so vast beschliessenn H statt dz sy als vast ire*n* fůß müg beschlisen; zuezwinge vnd beschließ statt müg beschlisen GJK.

[2] vff statt vs DEH; vnd dz haist zwingen (Schluß) GJK.

[3] Überschrift fehlt BCFGJ; Überschrift in D: vädemlin; in E: Vademlein; in H: Fädemleyn; in K: Das Fedenlein.

[4] Der erste Satz fehlt in GJK und lautet in BCF: nu land ew (euch CF) mer sagen aber von des hirses fůß was er gůter zaich*e*n da mit tůt; in DEH: Nun wil ich dich aber leren von aines hirß fůß waz er gůt*e*r zaich*e*n tůt; es im statt jm B; dem Hirsch statt jm GJK; Da mitt*e*n zwischen den Ballen gat jm an statt Vm ga*n*t jm zwischent dem spalt enmitten jn DH; Daz jm mitt*e*n czwisch*e*n dem spalt auf get ein kleynis statt Vm ga*n*t jm zwischent dem spalt enmitten jn de*m* fůß en klein vß E.

[5] durch statt jn GJK; claine*r* ausgang statt klein vß B; ausrecht G, auff H, außrecht J, Außrecht K statt vß; von 138 v[5] vn*d* bis 138 v[6] recht fehlt GJ; es fehlt BCF; des statt es DH; jm statt es glich E.

enmitten durch den fûß har, recht als ein vedemlin dahin gezogen syg vnd ist kum jn der grössi als ein fedemli. dz zeichen heist dz vedemli. dz mag kein hind getûn, wan der hinden vaden jst groß vnd vngeschaffen. die gûten jeger hend gelöben an dz zeichen wen es sehend.

(13.) Von dem neslin[36]) des hirczen.

Aber von des füsses zwingen. won der hircz den fûß als vast zwingt vnd beschlossen hant, so gant jm fornen vs dem spalt ein klein ding von erd. dz jst dünn recht als ein löb[37]) vnd ist ge-

---

6 har fehlt CDEH; däimlin B, vädemlin D, fedemlein EGJ, dedemli F, fädemlein H; von 138 v[6] dahin bis 138 v[7] fedemli fehlt BF; von 138 v[6] dahin bis 138 v[8] vedemli fehlt CDEGHJK.

7 heist dz fehlt BF.

8 dämlin B, dedemlin F statt vedemli; das zaichen das mag statt dz mag C; hinden fehlt GJK.

9 auch grob C, zu groß GJ, so groß K statt groß; vnd vngeschaffen fehlt GJ; guten gelauben C, grossen glawben H statt gelöben; guten maistlichen jäger E; glauben statt hend gelöben E.

10 wa sy es BCDE; wen es sehend fehlt FH; GJ schließen: das zaichen haisst Fedemlein vnd haben die Jegermaister guten glauben daran; K schließt: das Zeichen heist Fedenlein.

11 Überschrift fehlt BCFGJ, Überschrift in D: väßlin; in E: Fäßlein; in H: Väßlein; in K: Das Neßlein.

12 Hie merck auch was ich dir sagen wil statt Aber BCF; Hie wil ich sagen von des hirß statt Aber von des füsses DEH; Item statt Aber von des füsses zwingen GJK; zwinget den fuß statt den fûß als vast zwingt DEH.

13 vnd den als vast statt vnd DE; fuess statt spalt GJK.

14 vnd hertt statt von erd DEH; ain recht zaichen statt dünn recht als ein löb vnd ist geschaffen recht B; dünn fehlt D; dann statt dünn recht GJK; naß C, väßlin D, loß E, Naschlin G, naschlin J, Neßlein K statt löb; vnd ist geschaffen recht als ein nas fehlt CDEFGJK; dan recht alz ein loß ersluffen vber

schaffen recht als ein nas. dz zeichen nennent die gûten jeger dz näsli. sucht du dz zeichen so macht du den hirczen wol an sprechen für ein hirczen.

(14.) Von dem burczi[38]).

Jm gant enmitten jn dem vedemli vs wal jn der grösi als ein hasel nus vnd vnder willan kum als ein erws, etwen minder den ein erws. dz heist dz burczi vnd jst och gewiss vnd gût, doch sicht man es nit gar dick.

---

ein wesßlein statt dünn recht als ein löb vnd ist geschaffen recht als ein nas EH.

[15] sehent vnd nennent statt nennent C; von 138 v[15] dz zeichen bis 138 v[16] sucht du fehlt D; von 138 v[15] dz zeichen bis Schluß fehlt GHJK; GJK enden: das zaichen haißt der nachß oder naschlin; dz näsli fehlt F.

[16] nasth B, nechst C; vnd ist gewiß vnd gût statt sucht du BCF, statt so DE; (vnd E) macht statt so macht du BCDEF; sicherlichen statt wol BCF; sicherlichen wol DE; H endet: vnnd du magst den Hyrß wol an sprechen / so du das zaychen sihest.

[17] wa du das zaichen sichst statt für ein hirczen BCDEFH.

[18] Überschrift fehlt BCDEFGHJ; Überschrift in K: Vom Burckel.

[19] gat auch BCF; och D, Nu E, Item (wann K) dem Hirsch statt Jm GJK; vnd (inn H) dem väßlin statt jn dem vedemli DEH; reht wol statt wal DEH.

[20] wol als ein Erbis vnnd etwan minder statt 138 v[20] vnder willan bis 138 v[21] erws GJK; sinwel (vnd E) vnderweylen kompt (krump E) es statt vnder willan kum DE; ist also sinwell als ain haßellnûß F zwischen vnd und vnder; das ist sinwel vnd vnder weylen krümpt es sich statt vnder willan kum H.

[21] das zaichen statt dz BCDEFGJ; der pürczel B, das bürzer C, daß väßlin D, das vaslein E, der bürzer F, die Burtze G, das väßlein H, Bürtze J.

[22] das geschicht doch nit BCF, man sicht es aber gar selten D, Aber men sicht ez gar selten vnd nicht offt E, aber man sihet es selten H statt doch sicht man es nit gar dick.

(15.) Vo*n* des hirczen fůß wie de*r* jst.

Des hircz*en* [fůß] jst fo*r*nen stuncz[39]) vn*d* jst die schal[40]) glich gewelbet als ein recht geschaffen scharsak vn[d] jst ‖ de*r* fůß 139 r
einem scharsach gelich. son*der* so jst eine*r* hind*en* fůß spicz vn*d* vngeschaffen. also erken*n* ein hi*r*cz*en*. won kein hind ha*n*t alß ain fůß as de*r* hircz. So jst de*r* fůß dem hircz zelang vn*d* zebreitt vn*d* de*r* hinde*n* fůß jst ku*r*tz vn*d* schmal.

(16.) Vo*n* de*m* bal vn*d* abe*r*claw.

Von dem rik[41]) vn*d* abe*r*klaw. De*r* hircz ha*n*t hin*n*en grösse

---

23 Überschrift fehlt BCDEFGJK.

24 Auch merck wie des hirssen füß geschaffen sind. Sy sind BCF, Hie merck wie ains (des E, der H) hirß fůß geschaff*en* sy. Der DEH statt Des hircz*en* fůß jst; Item des statt Des GJ; fo*r*nen fehlt GJ; stumpf B, samtzber C, stumpff EGHJK statt stuncz; gestalt statt schal F; glich fehlt GJK.

25 recht als BCDEFGHJ; gesliffen C, wolgewelbet GJK statt recht geschaffen; geschaffen fehlt DEH; scharpf scharsach F; Schar statt scharsak K; von 138 v[25] de*r* fůß bis 139 r[3] dem hircz fehlt GJ.

1 gelich vornen statt gelich DE; vornen eyem scharsach gleich / hynnden 139 r
ist er statt einem scharsach gelich. son*der* so jst eine*r* hind*en* fůß H; son*der* fehlt BCDEF; hind*en* fůß fehlt C; er hint*en* statt eine*r* hind*en* fůß E.

2 bey disem dinge solt du mercken das es (och DEH) ain hirs tůt statt also erken*n* ein hi*r*cz*en* BCDEFH; hirs statt hind C; alß fehlt BCDEF.

3 ain hinde statt de*r* hircz C; lang vnd brait BCFGHJK, so lang vnd so brait D; wan*n* dem hirß ist statt So jst de*r* fůß dem hircz DE.

4 So ist er der statt vn*d* de*r* BCEFGJK; lang schmal statt schmal B.

5 Überschrift fehlt BCDEFH; Überschrift in GJ: Von dem Keckhrecht vnd Aberklawen, in K: Von dem Leebröcht vnd Aberklawen.

6 Hie (Nun H) wil ich sagen (leren statt sagen D) von statt Von BCDEFH; die ersten fünf Worte fehlen GJK; gehich B, gelsich C, ruck*en* D, Rick*en* E, geh ich F, Rycken H statt rik; ober klo B, abercloe C, aberklaen D; obirkloe E, aber klay F, ober klawe H.

bälli vn*d* jst vo*n* de*m* ball vncz an die abe*r*cklaw wit vn*d* lang. De*r* abe*r*klaw stat wit vo*n* enander vn*d* sicht vswert vn*d* wo er den erd rüret so jst recht als der zwen dume*n* dar hab getruk vn*d* jst die abe*r*klaw stu*m*pf. och sind de*m* hircz die bälli hine*n* wit. dis jst d*er* allen besten zeichen ein so vff spurren mag gesin. so du disi zeich*e*n sicht, so sprich den hircz*e*n sicherlich an.

(17.) Von der hinde*n* balle vn[d] Von dem rik de*r* hinde*n*.

Der hinde*n* bäll sin klein vn*d* jst zwischent de*n* bäll*e*n eng vn*d*

---

[7] vncz an die abe*r*cklaw fehlt GJK; obir*n* kloen B, obern cloen C, Aberkla D, aber Klayen F, ober klauwen H; von 139r[7] wit bis 139r[8] abe*r*klaw fehlt BDEH; Das abercloe C das annd*er* Klay F, die Ober Klawen GJ statt De*r* abe*r*klaw.

[8] wit fehlt GJ; schickt sich statt sicht DE; von 139r[8] vn*d* sicht bis 139r[9] rüret fehlt H.

[9] hert mit rürt BC, die Erden damit berürt GJ statt erd rüret; schart mit rueren statt rüret D; ist es (mit C, er DF statt es) reht statt jst recht BCE; es statt recht GJK, der fehlt B; der hab E.

[10] das ober clo statt die abe*r*klaw BCDEFGHJK; stuntz BCDF, stumpff stu*n*tz GJ, stumpff vnd stutzet K; ober clo statt Bälli hine*n* BCDEFH; de*m* hircz fehlt GJK; Von 139r[10] dis bis 139r[12] an fehlt GJK; von 139r[10] dis bis 139[11] gesin fehlt H.

[11] das aller beste zaich*e*n BCF; als ain gewiß (gut E) zaich*e*n DE; auf allen spuren BCF; vnd wa statt ein so vff spurren mag gesin. so DE; wa du statt so du BCFH.

[12] das statt disi CDEH; zeich*e*n fehlt EH; yhn statt den hircz*e*n; freylich C, fröwlich D, freilich E, frelich F, frölich für ein Hyrß H statt sicherlich.

[13] Überschrift fehlt BCDEFGHJK.

[15] Nu (Hie H) wil ich sagen von der hinden kik (kicke C, ruck D, obirkloe vn*d* Rigk E, klay F, rick H) BCDEFH; Aber der statt Der GJK; hinde*n* fehlt BF; die sint statt sin D; sint statt jst D.

jst ku*r*cz vo*n* den bällen vncz an das abe*r*klaw vn*d* jst och eng zwischent den abe*r*klaw. de*r* abe*r*klaw de*r* hind*e*n sicht jnwert vn*d* jst dün*n* vn*d* spicz vn*d* klein. merk dz es ein hind sy wo du es sichst.

(18.) Vo*n* dem schre[n]ken[42]).

Abe*r* ein hüpsch gût zeichen. wo de*r* hircz hingait, so jst sin vart glich als ob jr zwen sigint vn*d* jst doch nu*r* eine*r*, won er schrenket mit de*n* füssen vnd mit de*m* schrit vbe*r* einnande*r*. So ga*n*t die hind nu*r* schletlich[43]) vn*d* seczet jr fûß für enande*r*. glich

---

[16] kurcz statt jst ku*r*cz BCFGJK; vnd von statt vo*n* GJK; vncz fehlt GJK; pis statt vncz E; von 139 r[16] vn*d* bis 139 r[17] de*r* abe*r*klaw fehlt BDEGHJK; auch statt jst och C.

[17] Das ober klo BCDEFGJK statt de*r* abe*r*klaw; das sicht statt sicht BCF; sicht jnwert vn*d* fehlt H; ein jetweder statt jnwert GJK.

[18] Da bey (von statt bey DE) solt du mercken statt merk BCDEF; darbey / merck statt merk HK; wann BDF, wenn C statt wo; wo du es sichst fehlt GHJK.

[20] Überschrift fehlt BCFG; Überschrift in D: Schrenk*e*n, in EH: Schrencken, in K: Vom Schrencken.

[21] Aber will ich dich ain gewiß (gewyß gût D) zaich*e*n leren BCDFH; Aber so wil ich lern*en* gar ein gewiß zaich*e*n E; Item statt Abe*r* ein hüpsch gût zeichen GJK; ist io sein statt jst sin E.

[22] glich fehlt DH; recht statt glich E; allsam statt als ob D; ob fehlt E; jr fehlt J; sein statt jr BCF; ain wenig geschrenket statt nu*r* eine*r*, won er schrenket B.

[23] vnd mit de*m* schrit fehlt D; trit obeinannder GJ, tritten mit einander K statt schrit vbe*r* einnander.

[24] nur fehlt BCFGJK; slechticlich für sich statt schletlich BCF; slecht DEH, schlecht für sich G, schlechtlich J, schlecht vorsich K statt schletlich; für fehlt D; einen an den andern statt für enande*r* H; gleich an einand*e*r statt für enande*r*. glich E.

139v dz tůt ‖ der hi*r*cz nit, wa*n* er ga*n*t alweg geschre*n*kt. dis zeichen heiset dz schrenken.

(19.) Vo*n* de*m* gru*m*me*n*[44]) des hircz*e*n.

Aber ein gwiß zeich*e*n. de*r* hircz, der fliehi, er gang, er stand, so můs er dis zeichen tůn. Der hircz de*r* tritt hine*n* vn*d* förne*n* glich jn den herd. nu schübt er mit dem ball hinan hinfür den erd so zücht er an sich förnen mit de*m* fůß den erd vn*d* wirt jm

---

[25] Von dz tůt bis geschre*n*kt fehlt F; allweg io nur statt alweg E; (Vnd E) Das statt dis BCDEFGHJK; der letzte Satz fehlt H, wo der Schluß lautet: das ist ein gůt zaichenn.

139v [1] geschrenck B, geschrenckt C, schrengk*e*n E, geschrenkt F, geschrenckt G, Geschrenckt J, schrencken K; vn*d* ist ain gewiß vnd (ain BF) gut zaichen. (Schluß) BCF; vnd ist gar ein gut zaich*e*n (Schluß) E; ist ain gůt zaich*e*n vnd ist schrenk statt heiset dz schrenken D; vnnd ist gewiß (Schluß) GJ.

[2] Überschrift fehlt BCDFGJ; Überschrift lautet in E: Grume*n*n od*e*r purgkstal, in H: Grůmen oder Purckstal, in K: Das Grät oder Burgkstadel K.

[3] Merck den mein ler wa*n*n ich dir ain (vo*n* aine*m* CF) gewiß zaich*e*n sag (sagen wil CF) wan BCF, Merk (aber E, gar H) ain (gut E) DH, Item GJK statt Aber ein gwiß zeich*e*n; hirß fliech oder stand od*e*r gang BC; hirß schlecht (slecht E, schleich H) gangs oder stand DEH; der Hirsch gee oder fliehe, so tritt er hindten statt 139 v[3] de*r* hircz bis 139 v[4] hine*n* GJK.

[4] tůn (hab*e*n C) da von merck eb*e*n was ich dir sag BCF; tůn Da von (Darumb H) so merk eben DEH; tritt B, düt C, trit EF statt de*r* tritt; des hirß trytt statt Der hircz de*r* tritt DH.

[5] daß ertreich statt den herd F; vn*d* statt nu BCF; hin dan für BC, hin für vnd D, hinfür E, hinder für F, hinden für sich GJK, hinfür H statt hinan hinfür.

[6] so fehlt BCDF; vnnd zeucht vornen mit den füeßen die Erden an sich GJK; v*e*rnement statt förnen mit C; förnen fehlt DE; den füßen ain michel büchelin (michel*e*n püeell E, micheln bühel H) vnd wirt Jm (nur E, nun H

enmitten jn dem fůs ein michel[45]) bühel[46]). wen du den bühel sichst dz er förnen vnd hinen glich getretten hab, so sot du kein zwifel han: es ist ein hircz. vnd sprich jn sicherlich an. Dz zeichen nennent die gůten jeger den grummen. Dz jst da von, won er förnen jn dem fůß den erd an sich zucht vnd hinan mit dem ballen den erd von jm schübt, da von wirt ein bühel. da sprechen sümlich jeger es heisi das burgstal[47]). dz jst da von won es ein siwel[48]) büheli jst. wo du den bühel sichst, dz tůt ein hircz vnd

---

statt Jm) damitten an (in EH) dem fůß vornen (von erd statt vornen EH) statt dem fůß den erd vnd wirt jm enmitten jn dem fůs ein michel bühel DEH; den erd vnd wirt jm enmitten jn dem fůs fehlt F.

7 ain büchel ain michle statt ein michel bühel BCF; ein mittelbühel GJ, ein Bühel K; wie du das findest das (ist J) gar ein gewiß zaichen (Schluß K) vnd dz mag gar kein hindin thun / vnd heisset das Grone (Gronne J) oder Brugstall (Schluß) GJK.

8 vngleich statt glich H; ye kainen statt kein H.

9 wann das es statt es BCDF; Dan daz es ein hirs gewesen sey statt es ist ein hircz E; vnd sprich jn sicherlich an fehlt EF; jn fehlt C; frewlich D, on sorgen H statt sicherlich; dem statt Dz C; Daz haissen statt Dz zeichen nennent DEH.

10 Jäger vnd maister D, maister EH statt jeger; grumen B, grummen C DE, gründ F, Grone G, Grumen H, Gronne J; bist statt Dz jst B; von 139 v[10] Dz bis 140 r[8] hinden fehlt K.

11 jn dem herd den fuß B; mit statt jn DEH; den erd fehlt D.

12 dan von ym statt von jm E; So sprechent (dann BC) BCF, Also sprechent DEH statt da sprechen.

13 ettlich statt sümlich DEH; das beystal BC, daz burgstal D, purchkstal oder das pyelen E, das bistall F, Brugstall GJ, Purckstal J.

14 sibel büchel B, sinwellen büchell F; sein balle statt siwel C; wo du den bühel sichst fehlt B; allein statt vnd kein hind H.

kein hind. vnd gedett nie hind vn*d* tůt nu*m*me*r* kein hind. Dar vo*n* nim si war, won es jst de*r* beste*n* zeiche*n* eins so vff allen sporen jst.

(20.) Vo*n* dem gemelde[49]).

Die hind mag ein kein bühel enmitte*n* jm dem fůß gemache*n* als der hircz, wo*n* sy mag nit getrette*n* hin*n*an vn*d* fö*r*nen glich noch den herd an sich ziehen nach vo*n* jr beschiebent, wo*n* sy
140r ga*n*t alweg nu mit raggedem fůß vn*d* mit schlete*m*[50]) fůß. || Si mag och nit malen als vollenklich als de*r* hircz vn*d* jst jr gemelde

---

15 Noch nym*m*e*r* kain hind getůt statt vnd gedett nie hind vn*d* tůt nu*m*me*r* kein hind. B; vnd gedett nie hind vnd tůt nu*m*mer kein hind fehlt CDEFH; Der letzte Satz in DEH lautet: niem diser zaiche*n* (io E) gůt war wan es daz best zaiche*n* ist.

16 des zaiche*n* statt si BCF; das aller best zaiche*n* statt de*r* beste*n* zeiche*n* eins BCF; so es statt so BCF.

18 Überschrift fehlt BCDF; Überschrift in EH: Insigell, das ganze Kapitel 20 fehlt GJ.

19 macht statt mag . . . gemache*n* D; kain en B; ein fehlt CDEFH; mit den füesse*n* nit statt enmitte*n* jm dem fůß E; gemache*n* fehlt B.

20 als der hircz fehlt DEH; Von 139 v[20] vn*d* bis 139 v[21] beschiebent fehlt H.

21 noch fehlt B; gescherren statt beschiebent E.

22 nu fehlt D; jagendem BCF, ragendem DH, Ragente*m* E statt raggedem; geslechte*n* BC, gestrackem D, slechte*m* E, schlechten FH statt schlete*m*; Sonst allwegen auch mit gemalen statt Si mag och nit malen H.

140r 1 velklich B, fölligclich C, volkomenli*eb* D, volchomlich E, veligklich F, völligklich H statt vollenklich.

2 albege*n* wolgeschaffen B, alwege*n* vngeschaffen CF, allwege*n* vngestalt DEH statt vngeschaffen; enspuren B, enspüren C; in DEH ist der Sinn des

vn*d* jr fûß vngeschaffen. wo ma*n* de*n* hircz gespuren mag, so jst sin gemelde alweg hüpsch vn*d* lute*r* wide*r* der hind*e*n.

(21.) Vo*n* de*m* schûch vn*d* j*n*sigel des hirczen.

Wen der hircz jn letigen hert ga*n*t so sûcht er sich wen*n* der herd nasß jst vn*d* wirft den schûch ganz vo*n* jm. dz zeich*e*n jst ein gût zeich*e*n vn*d* heist des hi*r*cz*e*n jnsigel. dz ist da vo*n* dz er d*e*n gru*m*me*n* vnd dz vedemli vn*d* dz nesli vn*d* dz ble*n*den vn*d* dz erilen vnd alles dz ein hircz tuon mag dar jn stat gemält. da vo*n* jst es gena*n*t des hi*r*cz*e*n jnsigel, wo*n* ma*n* elli ding dar jn sicht.

---

letzten Satzes durch Verderben des Originaltextes umgekehrt. Er lautet: vnd ir gemail allweg*e*n hübsch vnd lustig wider des hirß gemail statt $140\,r^{2}$ wo bis $140\,r^{3}$ hind*e*n.

[3] lütselig statt lute*r* BCF.

[4] Überschrift fehlt BCDEFGHJ; Überschrift in K: Vom Jnnsigel.

[5] Item wa statt Wen GJK; stat C, lofft DH, lewft E, statt ga*n*t; schüibt B, scheubt C, schübt D, schut E, schabt F, scheucht G, schuckt H, scheuhet J, schûcht K statt sûcht.

[6] So wirff er statt vn*d* wirft DEH; schub D, schücht F statt schûch; hin statt ganz vo*n* jm GJK; zeich*e*n fehlt BCFGJK; Daz czaichen ist gût wan es statt dz zeich*e*n jst ein gût zeich*e*n vn*d* DE; jst ein gût zeich*e*n vn*d* fehlt H.

[7] gar ein groß statt ein gût GJ; ist das statt heist F; das statt des hi*r*cz*e*n GJK; wan*n* es ist statt dz ist DEH; wann man findet darjnne*n* statt dz ist da vo*n* dz er GJK.

[8] grün BC, gru*m*men DE, grundt F, grimer G, grumen H, grimmer J, gemeyniglich K statt gru*m*me*n*; vadelin B, fedemlein CGJ, vädemlin D, vädemlein E, vedemin F, fädemlein H, Fedenlein K statt vedemli; feßlein E, väßlein H statt nesli; vn*d* dz erilen fehlt GJK.

[9] daz ist D, Daz stet darjnne E statt dar jn stat; dz ist darjnnen gemelt (gemalt J, gemahlt K) (Schluß) GJK; gemeld B, gemelde C, gemalet D, gemalt FH statt gemält.

[10] alle statt elli BCDFH; aller zaich*e*n statt elli ding E; sicht daby man ain hirß vart erkenne*n* sol die er mit dem fûß tût. (Schluß) D; sicht dy ein hirs

(22.) Von dem jeger.

Wellist du ein gûter jeger werden so jag die die löf[51]) mit den leithunden. da vinst du mengerlaihand zeichen war die ich dir nit als vollenklich geschriben kan vnd bis vnverdrossen vnd nit läs ab so eriagst du dz gewild. won schlafenden kaczen lûffent selten mus jn dz mul.

(23.) Wie du ein die kunst solt leren.

Wylt du ieman die kunst leren, da nit wildes sy, so nim ein

---

mit dem fuez tuet (Schluß) E; sihet / darbey (man) ein Hyrßwat (für Hyrßvart) erkennen soll die er mit dem fûß thut (Schluß) H.

11 Überschrift fehlt BCDEFGHJ. In BCFGJ erscheinen die Kapitel 22 und 23 im Anschluß an Kapitel 27; in DH folgt Kapitel 22 auf Kapitel 27, in E auf das sonst nirgends wiederholte Kapitel 27a und bildet zugleich den Schluß.

12 Item / wilt du GJ; du nun C, du mir F; jager B; Jeger sein vnd werden C; die (langen B) läuffe (louff C, denn lauft E) vast BCEFH, den hirß lang vnd vast D statt die die löf.

13 laichunden C; wann da nymst statt da vinst BCFGJ; So wirdst du ... sehen D, so wirst du ... gewar H statt da vinst du ... war; maniger hand BC, meing hand D, mancherhant E, manicherlay handt F, manicher Hunden zeichen war / die du nit geschriben findest (Schluß) statt mengerlaihand zeichen war die ich dir nit als vollenklich geschriben kan GJ; die nit all geschriben stendt statt die ich dir nit als vollenklich geschriben kan F; dir fehlt BC.

14 als fehlt BDEH; alle statt als C; volligklichen mag geschriben statt vollenklich geschriben kan E; han statt kan BC.

15 lässe B, läß C, laß vnd laß nit ab D, laß E statt läs ab; wann der (sloffender statt der BF) kaczen lauffent di müß selten in den mund BCF; wann (den E) schlaffender (slaffenten E) kaczen lofft (lauffent E) die wachent (wachent fehlt E) müß selten (nit statt selten E) in dacz mul (den munndt statt dacz mul E) Sy gin denn vff DE; Wann der schlaffenden Katzen lauffen die meüß selten in das maul / sie gynen dann auff H.

17 Überschrift fehlt BCFGJ; das ganze Kapitel fehlt DEH.

18 Woltest du ainem BC, Will du ainen F statt Wylt du ieman; Item / wilt

hircze*n* fůß vn*d* ein hinden fůß vnd äschen ode*r* linden leim[52]) vn*d* wz hie vorgeschribe*n* stand, dz tů mit den zwai füssen. doch sönd de*r* hircz fůß zwen sin, ein hinde*r* vn*d* ein forde*r*.

(24). Vo*n* des hircze*n* gelöse[53]).

Wyssest och vo*n* dem gelösse. des hircze*n* gelöse dz jst groß

---

du GJ; were B, da ist F statt sy; Do (so CF) nym zwen hirssen füß, eine*n* vorde*rn* vnd aine*n* hinde*rn*, vnd nym auch (auch fehlt GJ) zwen von aine*r* hinde*n* vnd nym statt so nim ein hircze*n* fůß vn*d* ein hinden fůß vnd BCFGJ.

19 gereden Aschen / vnd weychen linden Leymen statt äschen ode*r* linden leim GJ.

20 vn*d* sicz (dich F) vber dicz (das F) büchlin das (was CF) hie vor geschribe*n* ist (sey CF). das tu (dütt C) mit den zwain füssen des hirs (Schluß) BCF, vn*d* sitz über diß Büchlin (vnd thů als das geschriben stehet (Schluß) GJ statt 140 r[20] vnd bis 140 r[21] forde*r*.

22 Überschrift fehlt BCDEFGHJ, Überschrift in K: Von Gloß oder Lossung. Das Kapitel 24 ist in BCDEFGHJK viel ausführlicher als in A und lautet (in B): Nu můß (wil DEH) ich dir sagen von dem glose wie das geschaffen ist. Des hirssen glose (oder Lossung K) das (das fehlt DGHJK) ist groß (grob C) vnd keck (ecket DEH, leicht GJK) vnd hat zäpflin (zupflen C) vnd hangent an ainander (reht [gleich E] als ein pate*r* noste*r* DEH) (vnd CDEFGHJK) *ze* der faisse (ze der faisse fehlt GJK) schlemig (sämlich D) dicker dann (als G) ain spinne*n* wepp (spanne weyt C). Auch ist sein wol (es sinbel CDEGJK, es feiner F) als ain höller, (es CGJK) ist aber (wol ist ez E) dicker. (Der letzte Satz fehlt H). So ist aine*r* (Der statt So ist aine*r* EGJK) hinden glose (ist EGJK) sinbel vnd claine recht (recht fehlt EGJK) als aine*r* gaiß vnd gaglot (kompt och D, kuegelein E [Schluß DE], gaiß loß vnd glat GJ, Geiß Gloß / vnd ist hart K, kuglet H). wa du das grosse glose vnd das keck glose (dick statt keck glose C) sichest (vindest C) so wiß sicherlichen das es ain hirß ist vnd macht jn wol ansprechen für ain hirs (letzte sieben Worte fehlen F). Jn GJK fehlt der erste Satz dieser erweiterten Fassung des Kapitels 24; der Text beginnt hier: Item / des Hirsch gloß . . . Es fehlt in GHJK außerdem der letzte Satz, der in GJ durch die Worte, „so ist des Hirsch gloß groß vnnd Egkig“ ersetzt ist.

vn*d* eggecht vn*d* hett zepfli[54]) vn*d* hunget an ein nander. abe*r*
140v einer hind*e*n gelöse ‖ jst siwel, klein, recht als eine*r* geis, vn*d* gagenlecht[55]).

(25.) Wie der hircz by den hinden gant.

Wo och de*r* hircz ga*n*t by d*e*n hind*e*n so ga*n*t er alweg einig nebend vf bi d*e*n hind*e*n vn*d* sunde*r*bar nebend jne*n* vn*d* gant alweg geschre*n*kt glich als ob jr zwen sigit. So gand abe*r* die hind*e*n alle nach anande*r* wie vil de*r* jst vn*d* jn einem pfad vn*d* nach bin anander. dz dût de*r* hircz nit. de*r* ga*n*t abweg neb*e*n jnnen vn*d* hine*n* nach. also merk dz es ein hircz syg won er einigi ga*n*t.

140v [2] Überschrift fehlt BCDEFGHJK.

[3] Item / wo der Hürsch bey hinden geht, so geht er allwegen bei oder neben statt 140v[3] Wo bis 140v[4] bi GJK; och fehlt D; an dem ende neb*e*n statt einig nebend vf bi BCF; einig fehlt D; eng statt alweg einig H.

[4] vf bi fehlt DEH; gat auch statt gant BC; sunde*r*bar nebend jne*n* vn*d* gant (gant fehlt nur DEH) fehlt DEFH; vnd geht statt nebend jne*n* vn*d* gant alweg GJK.

[5] alweg fehlt EH; glich fehlt DE; ob fehlt F; weren statt sigit GJK; abe*r* fehlt DEGHJK.

[6] hinden B, allweg*e*n D, allwegen nicht H statt alle; alle fehlt CFGHJK; als vil ir statt wie vil de*r* BCF; wie vil de*r* jst vn*d* fehlt GJK; von 140v[6] wie vil bis 140v[7] anander fehlt D; jn statt vn*d* jn BCF; vn*d* nach bin anander fehlt H.

[7] nahent pey statt nach bin BCFGJK; abweg fehlt BCF; Der vorletzte Satz lautet in D: der gat jn allweg*e*n hinden nach by der wegschafft. Die letzten zwei Sätze fehlen GJK und sind in H in die Worte „er gehet eynig das merck“ zusammengefaßt.

[8] hind*e*n nahent (nach F) bey der bitschaft (bitschaffte C, peyschaft E, kundtschafft F) statt hine*n* nach BCEF; So (So fehlt E) solt du merken statt also merk BCDEF; anig B, ainigen C, ain D, ainig EF.

(26.) Vo*n* de*m* schritt.

Du solt och wa*r* neme*n* des schritens, so der hircz gant vf einen stiebenden schnew ode*r* jn riesig*en*[56]) sand ode*r* jn riesig*en* erdrich. Er schrit vil wite*r* den ein hind vn*d* ga*n*t alweg geschre*n*ket glich als ob jr sigint zwen. So schrit ein hind eng vn*d* ga*n*t schlechlich fu*r* sich. lůg och an dz gelöse vff dem schnew ode*r* jn d*e*n riesigen sanden.

(27.) Aber vo*n* dem gelösse.

Als ich vo*r* geschrib*e*n hon wie das gelösse geschaffen sy vn*d*

---

10 Überschrift fehlt BCDEFGHJ; das Kapitel 26 fehlt in K.

11 Nu můß ich dich (weiter statt dich) lern so der hirs auf aine*m* stiebend*e*n (ferstebennden F) schne gat wie du den (jnn statt den F) erkennen solt oder jn reisendem sand oder ertrich So nym war des schrites wan*n* statt 140 v[11] Du solt bis 140v[13] erdrich BCF; Nun wil (můß EH) ich (dich H) leren wie man den (ein E) hirß erkennen sol. So (wan E) er in dem schroffenden snee (in eine*m* schrebenten schnee E, inn einem schreybend schůh H) ga*n*t od*e*r in rysendem sand od*e*r in risendem ertrich, So solt du war nemen des schrittes. So schritt er statt 140 v[11] Du solt bis 140 v[13] vil DEH.

13 weit statt vil wite*r* F; ga*n*t fehlt D.

14 von 140 v[14] glich bis Schluß fehlt F; glich fehlt E; ob fehlt D; der vorletzte Satz lautet in BC: So schreit er eng hinden (ain hinde enge C) vnd gat slechtiklich*e*n vnd für sich; gar statt ga*n*t D.

15 och fehlt BCDEH; daz genecz statt och an dz gelöse EH; schnew od*e*r jn d*e*n fehlt EH; ode*r* fehlt D.

16 vf dem statt jn d*e*n D; reisend*e*n sandt oder ertrich BCEH; risendem sand od*e*r risenden ertrich D; in GJ ist das ganze Kapitel in folgende Worte zusammengezogen: Item / so der Hirsch in einem stiebenden suche oder in reissingen sandt gehet / so schreytet er vil weyter dann ein Hinde / vnd gehet geschrenckt / So geht die Hinde eng / schlechtlich für sich.

17 Überschrift fehlt BCDEFGHJ. Überschrift in K: Von Hundes Wolffes Fuchsen.

18 In E ist das ganze Kapitel 27 in folgenden Worten zusammengefaßt:

wo de*r* hircz vff den schne gestallet[57]) habi, so seicht[58]) er nebend vs vss de*r* vart recht als ein hund. Sa stallet die hind vn*d* seicht jn die vart recht als ein zohe[59]). dis zeich tůnt wölf füchß vn*d* hassen. welles hod*e*n hant, dz seich vs der vart. abe*r* welles ein fut[60]) hant, dz seicht jn die fart.

141 r Anno *Domini*  *proxima* ‖ die p*ost* festu*m* *nativitatis* marie v*irginis* p*er* manus hugonis dicti wittenwille*r*. Nu han ich dich gelert wie du den hircz*e*n jn de*r* faissi vn*d* jn de*r* brunst soch*e*n sol vn*d* wie du jn erkennen solt für ein hind*e*n vn*d* vo*n* des hi*r*czes wandlu*n*g ga*n*cz vn*d* gar vn*d* vo*n* de*m* jeg*er*.

Des gleichs vo*n* dem geläs wie daz geschaffen sey Alz vo*r* geschrieb*e*n ist. Der Anfang dieses Kapitels bis 140 v[19] schne gestallet ist in F sinnentstellend verdorben; von dem glöse wie das statt wie das gelösse BCD.

[19] ain statt de*r* D; ainem statt den B; den fehlt C; stalt vff dem snee statt vff den schne gestallet habi D; nit vßer statt nebend vs vss D.

[20] auß ausser statt vs vss B; vss de*r* vart fehlt CF; hinde statt hund C; recht als ein hund fehlt DF; eb*e*n statt vn*d* seicht BC; vn*d* seicht fehlt D; merckh auch die Hindin sy seicht gleich statt Sa stallet die hind vn*d* seicht F.

[21] den herd statt die vart B; Von 140 v[21] recht bis Schluß fehlt in D und ist durch die Worte: „Daz ir hart forhtnuß" ersetzt; recht als ein zohe fehlt F.

[22] von 140v[22] vs bis 140 v[23] seicht fehlt F. In GJK ist das ganze Kapitel 27 in folgende Worte zusammengezogen: Item / wo der Hirsch stallet / so stallet er allweg neben auß / auß der fart recht als ein Hundt. Das zeichen heisset Hunds Wolff / Fuchssen (Schluß K), Aber was ein Futt hat / das seichet eben in die fart vnd in den weg. H hat statt des Kapitels 27 nur einen unverständlichen Satz: Als ich vor geschryben habe / von dem geläs / wie es geschaffen sey / vnnd wo ein Hyrß auff sich stallet ein Hynd inn die wart.

DIE ZUSÄTZE

Zusatz zur Handschriftengruppe DEH nach dem Sammelkodex 2952 der Österreichischen Nationalbibliothek Wien (D).

(17a.) Och wil ich dich leren zway gäcz die der hirß niempt 103r
vnd die hind nicht. D*az* ist fulbomen lob[61]) vnd flachß[62]). Des bist du gewiß daz sich kain hind damit äczt. Es sy dann zu der zit Daz die hind ain hirß trag. So mag sy sich wol an dem flachs waid*en* vnd äsen.

---

1 lerrnn (lernen H) statt leren EH.

2 faulpawmen laub E, faul Baumen laub H; da statt Des EH.

3 da von statt damit EH.

4 trag ein hirß statt ain hirß trag E; möchte statt mag H; jn statt an EH.

5 vnd äsen fehlt E.

Die Zusätze zur Handschriftengruppe BCFGJ nach dem Cod. Mon. Germ. 289 der Bayerischen Staatsbibliothek München (C).

107 r^2 (28.) Ich spüre das ain hirs ain stangen auff dem haubt trüg vnd aine ge*r*ert hett vnd wolt beweysen wie das was vnd bewert das auch vor den maystern war was, das er ain stangen trug
107 v^1 vn*d* dy ander*n* gerert hett. || Nun wil ich sag*en* wie es kombt, das ich es spüre. Es fügt sich, das ich in dem mertzen mit eine*m* laythunt hang nach ainem hirs vnd wa er durch die stauden zoch, da hett er zu der aynen seydten dy staud*e*n blütig gemacht vnd das laub. Da bey merck ich, das er dy stangen gerert hett. Da hett er zu der andern seydten dy stauden geslagen vnd zerfüret vnd das laub. dabey merckt ich, das er dy andr*e*n stangen auff dem haubt trüg. Vnd wen*n* du jn de*m* wald nach henngest, so lug

---

107 r^2 [1] Von 107 r^2 Z. 1 Ich spüre bis 107 v^1 Z. 1 es spüre fehlt GJ.

[2] die aine geirret B, Ainer geredt F statt aine ge*r*ert.

[3] vonn dem statt vor den F; maister, das daß war, jch waiß, das er F.

[4] dy fehlt F; geredt statt gerert F; ich jetz F; es kombt, das fehlt F.

107 v^1 [1] Item / es füget GJ; das ich fehlt GJ; eins tags in statt in GJ; das ich henget mit ainem Leythundt statt mit eine*m* laythunt hang GJ.

[2] gang statt hang F; floch statt zoch B.

[3] ann statt zu F; einer statt der aynen GJ; schweissig statt blütig GJ.

[4] von 107 v^1 Z. 4 gerert bis 107 v^1 Z. 6 andr*e*n fehlt F.

[5] vnnd das Laub zůfürt GJ.

[6] da statt dabey GJ; ich wol statt ich GJ.

[7] Der letzte Satz ist in GJ ersetzt durch die Worte: Darumb wann du nachhengest / so lůg auch über dich (Schluß).

dick vber sich, das ist dir außdermaßen güt, wann der hirs manig zaich*en* an den stauden vnd an dem laub tütt.

(29.) Wyße auch wa ain hirs vber ain feld wil von aine*m* holtz an das ander, so get er alweg hin vnd her vnd tütt vil widergeng, so gat ain ding albeg slechtigclich ‖ für sich. Nun han ich dich $107\,v^{a}$
gelert wie du ain hirs erkennen solt.

(30.) Nun wil ich dich leren wie du ain huren erkennen solt auff ainem newgefallem schne. wa ain hür auff ainem newgefallem schne gat oder auff ainem weg, so get sy albeg hin vber vber den weg vn*d* gat rechten schrent als der hirs vnd kert sich dicke vmb. wa du das spürest da soltu mercken das es ain hür gewesen sey.

---

8 du offt statt dick F.

9 tütt fehlt B.

10 Die Kapitel 29 und 30 fehlen in GJ; Merck statt Wyße F; inn das statt vber ain F.

11 vber das feldt jnn das annd*er* holtz statt an das ander F.

12 hind B, hindin F statt ding; schlecht vbery vor jm statt slechtigclich für sich F; dich fehlt B.

1 gelernet statt gelert F; den statt ain F. $107\,v^{b}$

2 Das Kapitel 30 war ursprünglich auch in B enthalten, wurde aber, wohl wegen seines anstößigen Inhalts, durch Schwärzung getilgt. dierin statt huren F.

3 dierin statt hür F.

4 hin vber denn weg vnnd her wid*er* vber, so gatt sy recht geschrenckt als d*er* hirsch F.

6 das das ist ain dierin ist gewessen F.

Zusatz zur Handschrift E nach dem Ms. 354. 8^0 der Universitätsbibliothek München.

54r (27 a.) Allso mach, das ein hirs stille stet an ein*er* stat ein halb*en* tag. Nym ein ding haiß svila, od*er* merczwifal[63]) nent man ez auch. Daraus pres den saft, vnd in dem selben saft waichk hab*er*n od*er* hew drey tag od*er* was daz wilprät[64]) gern eczit. vnd daz selb misch vnd*er* and*er* ding, da du daz willprät mit wils äs*en*.

Die Zusätze zur Handschrift F nach dem Cod. Mon. Germ. 3726 der Bayerischen Staatbibliothek München.

Der Text erscheint zweimal, da offensichtlich irrtümlich doppelt abgeschrieben, auf fol. 7d und 7e. Die zweite Fassung ist durchstrichen, wurde aber unserem Druck zugrunde gelegt. Abweichungen der ersten Fassung sind in Klammern vermerkt.

(31.) Item jch will dich ain gewiß Zaichen ler*en* wann (wie 1) 7e
du ain Hirsch spürst (spüren solst 1) vnnd es als (alles 1) hertt ist, das du jnn nit spüren magst, so such vber sich ann denn stauden, da (ersuchest so) beist er die est (nest 1) ab, allso hetts ainer mit ainer achst gethon (als wanns ainer mit ainer achst het abgehauen 1) od*er* sunnst mit ainer waffen, das ist ain gewiß Zaichen, wa Du das (Zaichen 1) findst, da magst (magstu 1) denn Hirsch woll frelich annschreyen vnnd sprechen (annsprechen vnd annschreyen 1). das ist ain Hirsch, wann es mags (mag 1) sunst kain gewild thun, vnnd wa es die graß abbaist da magst (magstu 1) dich woll erjnneren.

(32.) Ich will dich wid*er* (wid*er* fehlt 1) leren, wie (wann 1) du jnnen wilt werden, wann ain Hirsch ann ainem ortt beleiben will. wann ain Hirsch gatt durch ain (das 1) wasser, so gat er (er fehlt 1) hinfür das holtz, vnnd thuet sich nid*er* vnnd streicht sich. wa du das zaichen suchst vnnd findest, so bist Du onn Zweiffell das d*er* hirsch beleiben will.

Die Zusätze der Handschriftengruppe GJ nach der Handschrift Hs 67.3 Aug. 8⁰ der Herzog-August-Bibliothek Wolfenbüttel (G).

29r (33.) Item wann der Hirsch laufft, so scheubt er das Ertrich mit dem Pallen für sich weg, vnnd zeuchts dann mit den Klawen wider zu sich, das es mitten jm fuess hoch wirt.

(34.) Item des Hirsch Insigel ist, wenn er geet, so get jm zwischen baiden Klawen das kot oben auf, eben als ein hut oder ain laub vnnd haist das Sennelin (Senneln J)[65]) vnd dar Jnnen seind
29v kernliche dinger als ein Erbis || vnnd haissen das Plutstell (Blůtstell J), vnnd sein gestalt vornen als ein naß vnnd in derselben findestu fünff zaichen.

(35.) Item wenn es geschneyet vnnd gereüffet (gereifft J) hat, so geht der Hirsch mit geschrennckten füessen also, dz er ain fueß vber den anndirn schlecht, vnd sicht in in dem Spor, als ob jr zwen gewesen weren, vnd ist doch nit mer dann ainer.

(36.) Item wenn der Hirsch müed ist, so laufft er nach dem wasser; wann er dann aus dem wasser kombt, so jm der fueß noch naß ist, so kanstu in spürren auf ainem hartten stain. ||

30r Ain gewiße spurr aines Hirschens.

(37.) Wenn der Hirsch jm graß geht oder in dem Ackher da Korn ist oder annder satt, so tritt er das graß oben mit dem Ballen als ob es mit ainem sarschach (Scharsach J) abgeschnitten were. Annders Wilts tuts auch, aber es zermirschet es gleich als ob es abgeschlagen were mit ainem Beyhel.

(38.) Item des Hirsch abbrosen (abprossen J) wenn er get vnnd isst (ists J) ein Holtz so bleist (beisset J) er es ab gleicherweiß als wen es mit ainer glepscher (Glepscher J)[66]) abgeschnitten. annder wild dz steet vnd keüet dz es stumpff wirt.

(39.) Item wenn der Hirsch geht jnn dem Sanndt oder jnn den Äckern oder schnee, so magstu jn spürren da er nie hinkommen ist, das er auswürff auf den seitten. ||

Ein annder Gespurr. 30v

(40.) Wenn der Hirsch geht an ainem Berg vnnd Pferricht[67]), so lauffen die bonnen (Bonen J) vnd lorbern (Lorbern J)[68]) auf dem Schnee den berg nider.

(41.) Item wenn es geregnet hat oder gereiffet vnd der Hirsch naß ist, so get er an ainen hohen berg vnnd legt sich dahin, das jnn die Sonn bescheinen mög, dz er trucken werde, so leit er hin biß auf neun Vr, vnnd get dann da das holtz am dickesten ist. da magstu in suchen.

(42.) Item wann den hindin (hunden?) ein bruch geschicht, so das der Hirsch am (ain?) widerlauff thut oder du jn verleurst, so mustu jn zurugk suechen, vnd mach ein kreiß vmbher. so findstu jn jn der hegken vnd lang stecken. ‖

(43.) Item in dem Sumer, so es truckn ist, vnnd ein Hirsch da 31r
geganngen hat, vnd du doch nit weist wie lanng oder wie kurtz, so sihe an das Graß, das er getretten hat, vnnd halt es gegen der Sonnen. so sichstu wol, ob der abtrit grüen oder welck ist.

(44.) Item bey den Spilbaumen holtz[69]) oder schißboren (Schißbern J) holtz[70]) magstu jn suechen; dz pflegt er zu essen, vnnd auch wild holzopffl baum (wilde Holtzöpffelbäum J)[71]).

(45.) Item wenn der Hirsch am höchsten ist, das ist an S. Gilgentag[72]), vnnd jm mertzen ist er am Nideristen (nidersten J).

(46.) Item wa der Hirsch gelegen ist, so hat er ain brunff ‖ oder 31v
jn dem Suech[73]) hat er gebrunfft.

(47.) Item ain Stück wild, das ein thier trägt, wenn es schreittet, so tritt es mit dem lincken fueßs für, tregt es aber ainen hirsch, so tritt es mit dem Rechten fuess für.

(48.) Item ein Hirsch hat ein grössere försen (Verssen J) weder ein annder stuckh, da sehe ainer eben (eben fehlt J) auff.

Finis

Zusatz zum Druck K nach „Jägerkunst vnd Waidgeschrey“, Nürnberg 1610.

A IVr (15a.) Item / wilt du wissen ob die Hindin einen Hirschen trägt / oder ein wild Kalb / so merck auff den Fußtrit / tritt sie mit dem rechten Fuß der seyten tieffer in die Erden / so trägt sie einen Hirsch / tritt sie aber auff der lincken seyten tieffer eyn / so ist es ein wild Kalb / Es ist bewert vnd war.

DER TEXT
DES
FREIHERRN KUNO ZU WINENBURG UND BEILSTEIN

S

Württembergisches Hauptstaatsarchiv Stuttgart

Lade A 59, Büschel 1, Forstsachen

Vonn aller erkenttnis Daran man einen Hirs sunderlich vor dem 1
wild erkennen kan, des gleychen von gang, stand vnd spure dess wildes, von einem Frey Hern Couno Her zu Winenburg vnd Beyllstein erstlich außbracht. ||

(1.) Erstlich von dem geeß des reytt wilttß jngemein. 2

Zu winter zeytthen ee wan der schne daß landt bedecket, so esset daß roitt wilt den korn saumen.

So eß aber vonn schne bedeckt ist, so neust[74]) eß braun bier laup[75]) vnnd steet gern vff denn warmen sumpffe oder bruchernn, da dann der schne abgeth, da fendt eß grun graß. Darnach so ysset daß roit wild alleß kornn saumen biß daß buchen laup her vß komet, welche zeytt man die greuß[76]) nenet, vnnd biß der korn samen stangecht wirt, dan helt sich daß roit wildt ann dem buchen laup vnnd wo eß vff junge roder[77]) komen kan, da isset es vberauß gern die jungen eychen zimen[78]), so noch milchich sint vnnd zart.

(2.) So die feyste anhebtt. || Aus (2) 136 v^{7-9}

| Du solt jne suchen wo du sein gieng weyst vß einem wald in 3
den andern.

Item by weyngarten sint die hirß gern. |

Item jnn der brunfft such hirß gewißlich vff denn Wiessen vnnd weichenn driesshen[79]), auch jnn denn hochwelden, do er sich mit dem wiltpret berent, wann jn der brunfft lest der hirß dem wild kein ruh biß er eß vß der dyckten[80]) bringt vff die ebne, wan jnn der dickten kan er nichts schaffen.

| Item Der zeytt such jme auch vff alten wegen. | Aus (2) 136 v^{9-10}

Item vff der sulch oder jnn dieffen lachenn, da lest er sich gewiß-
lich jnn der brunfft fenden vnnd rißt || Denn sulch mit dem gehorn 4
vff vnnd machet vß einem kleinen einen grossen sulch mit seinem gehorn.

(3.) Ein gewis stück jn der prunfft so vnns ein altter jeger gelertt hatt vnnd jst gewiß.

So geh einß dages zu einem sulch vier, funff oder sexenn sonderlich ann enden, da du hirß gespurt hast vnnd doch vonn vielerley gerenß wegen[81]) nit weyst, ob eß vonn der nacht syh oder nit; so leg jnn ydenn sulch ein grun oder dur reyßlen vngeuerlich Ellenn langk oder mehr; kompt dann ein hirß vff den sulch, eynen oder mehr, er lest daß reyß nit jm solch sonder wirfft es mit dem gehornn hervß, so du daß deß andern morgenn also erfendest, bistu gewiß, daß es jnn der nacht bescheen ist. darnach folg dem hirßfuß nach biß du jne versicherst. ||

(3) 136 v[14] 5 bis 137 r[3] | (4.) Vonn zeychenn wobey man einen Hirsch spuren vnnd erkennen soll, vor dem wild zu vnderscheitt.

Daß erst zeychenn ist, so wann ein hirsch vonn eynner gerstenn oder samen oder sunst geeß gehet vnnd er naß vonn daw[82]) ist, so trabt er bald recht alß ob er vor sich zu dem wald woll, so wendt er dan an dem wald vnnd thut eynen widergangk vnnd thut dan einen absprungk gleych einem haßen vnnd geth dan für die vorholzen hyn vnnd geth dann jnn daß holz biß jnn die Sonne gedrucknet hat, dann so wither zu holz vnnd zu der dickten gehen dan hirsch vnnd wild mit einander; so hab acht,
6 daß wild kreych da nechsten zu der dicktenem. || Aber der hirsch kann solch von wegen seinß gehornß nit thon sonder er suchet die alte weg und pfed biß er sich jnn die dickten bestatten will, vnnd daß heyßet deß hirsch wandlung, vnnd wo du solchß vonn hirsch thun sichst, ob du wol denn fuß nit so volkomenlich spuren kanst, so sich gewiß, daß (daß) eß ein hirsch syh. |

(5.) Zu der spur.

Zu dem erstenn ist vonn noiten, daß du eynen gewissenn leidthund habest, daß du gewiß seyest, daß er ein hirsch oder wild fartt vonn ferenn vernem vnnd (vnnd) sonderlich, dass er keyen fart vbergehe, sunst ist der ann ruhen steinigenn ortenn, vnnd jnn der heyenn durenn zeytt[83]) schwerlich zu spuren. wann aber der hundt gewiß ist, daß er kein fart vbergeet, so bald er dann ein fart vernimbt vnnd du deß anzeygung vonn jme sichst, so sehe vff diß nachfolgende zeychen. ‖

Alß bald daß korn eher[84]) gewinnet, so ysset daß roit wild graß 7
vnnd habernsamen biß der habernsamen auch eher begent zu gewennen vnnd bitter zu werden.

So bald dan daß korn riebig[85]) vnnd zidig[86]) wirdt, so ysset er daß vor allen dingen.

Wann abber die haber zidig wirt, so ist er derenn am aller liebsten vnnd wird feyst daruonn vnnd stricht glath vnnd rond vß.

Deß roit wildß beyd, hirß vnnd wild, nympt sein selzung[87]) vff denn keleplazen[88]). So bald die ruben groß werden, so fendt man daß roit wild vbervß gern jnn den ruben rodern[89]) vnnd sonderlich jnn zeytt der prunfft.

(6.) Sonderlich essung des Hirß, daran man den Hirs vor dem wild erkennett. ‖

Der hirß ysset zu wintter zeytten vnnd auch Sumerß, so er eß 8
gehabenn mag, vßwindig gern eineß grossenn krautß mit brunen stengeln, hatt oben vill knopf vnnd blumen vnnd bletter wie holder, wirt gurtelß hoch vnnd etwaß heher. daß kraut nenet man hie zu land wilden holder[90]).

Der hirß ysset auch vor dem wild gern junge aspen[91]) vnnd solweyden[92]).

Item er reychet auch etwan mit dem gehorn, so wann eß hart begent zu werden an die eychen, buchen, aspen, solweyden vnnd der gleychen baume, vnnd zeucht sie mit dem gehorn herab; daß kan kein wild gethon vnnd diß heyssen die Jeger auch daß widerlez.

Zu der zeytt der feysten ysset der hirß gern gele schwem, die man hirß schwem oder rehling[93]) nennet. ‖

9 Noch ein sonderlich zeychen: der hirß ysset gern wild vnnd zame appelbaumen[94]), prunen baum[95]), aspen vnd solweyden, daß keyn wild thutt.

Item Waß der hirß abbisset, eß syh vonn samen, ehern, stengeln, krutt, kern vnnd habern, auch laup, daß bisset der hirß glatt vnnd sauber ab, abber daß wild zerknirscht vnnd zermumelet seyn geeß.

Der hirß, der bisset auch denn korn vnnd habern ehern gleych vnde*n* am eheren ab, aber daß wild beyst eß nit so ganz ab.

Vß dissenn yz benanten stucke*n* solt du den hirß vor einem wild erkennen, wan daß wieder keinß thuth.

(7). Wo vnnd wie man einen Hirß morgens suchen soll vnnd sunderlich jn der feysten. ‖

Aus (1) $136r^{5-6}$ 10 | Man sol denn hirß suchen vff den brachen vor den hochwelden, da ist er gern. |

Item vff denn heygen[96]), daß ist, da man pfel vnnd koleholz abgehauwen hat, da findt man jn bey den jungen zyemen vnnd vßschußlenge*n*[97]).

Item du solt jn suchen vff den koleplazen, da er sein selzung nimpt.

Aus (2) $136v^{9-10}$ |Du solt den hirß suchen jn den welden vff den wegenn | vnnd sonderlich vff den alten vngebruchten wegen vnnd pfeden.

Aus (2) $136v^{3-7}$ |(8.) Wo vnnd wie man denn Hirß in der prunfft suchenn soll.

Zum erstenn wo wiltprett ist, da findstu auch hirß, wan er hat der zeytt keyn rug biß er wiltpret findt. Du solt jn suchen an den vorholzern hen. | ‖

11 So eß aber sunst nit heywetter ist oder sunst rucht steynecht so darffstu deß hundtß nit. sonder hab acht disser zeychenn.

(9.) Wie sich Hirsch vnnd wildtt berennenn.

Wan nun hirß vnnd wylt des abents vnnd nacht sich geest vnd berant haben, so ghen sye an ein geleich stat, die jnen gefellich jß, vnnd sthen vff ebner stat vnnd trybeten vmb vnd vmbher gleich ront mit jren fuessen vnnd halten den jederich[98]). vnnd so der tagh her ghaet, so berennen sie sich vff ein newes vnnd ersehnden[99]) vnnd erdrucken sie sich. Darnach ghen sie zo holtz, dan magstu mit dem Leidthuntt sehen vff der erden, wo hin es zo holtz gangen sy, vnnd ann diesen nachgeschriebene zeige*n* sehen, was es sey, hirß od*er* wilt. vnd diß stuck nennen die jeger Erstandenn[100]). ||

(10.) Noch ein gewiß zeigen vom Spur. 12

Wan ein Hirß oder dhyer[101]) sich setzt oder niderlegt vnnd wider vffstat, Sichstu dan jn dem leger eine*n* trit mit dem hinder fueß, so jst es gewiß ein hirs vnndt kein wyltt oder Thyer.

(11.) Von Bestatten.

So du einen Hirß suchest vff dem geeß, wie for angezeigt, so sultu mit dem leidthunt an den forwelden (forwelden) oder dickten her suchen. verfengt dir dan der leidhunt eine*n* jngank zo forweldenn oder dickten, so soltu guetlich ein wenig mit dem leidhunt nachschliche*n* vnnd nit ferre vnnd darnach widerumb hinder sich zihen vnnd ein reyß brechen vnnd vff den jnganck legen. das nen*n*en die jeger: Die fart verbrechenn. Dan soltu mit dem leidhunt vmb die dickten oder forholtz, da der hirß jngange*n* jst, vff die recht handt vmbschlagen. jst es dann, das der hunt die fart nit durch hin ferfengt, biß du zo dem gebrochne Reiß kommest, so sthet der hirß oder wylt gewislich daselbst. ||

(12.) Einen Hyrß zo spuren dahin er nye kommen jst, 13 noch auch kom*m*en mag.

So nym diß acht: wan der hirß jn der prunft sich folgt, so thut er ein zeigen der spure, das man jnen spuren magh, da er nye hin quam vnd nymmer hin kommen mag. das jst wan er sich jn den welden folgtt, so reist vnnd bricht er die solg mit den fuessen vnnd nymptt den solg mit dem gehorn vnnd wirfft den vbersich vff die nest der baum. da jst er nye hyn kommen noch mag dar kommen, vnnd dennoch wirt er gespuert, das er daß gewest jst warhafftiglichenn.

(5) 137 r$^{16-21}$ | (13.) Vonn dem widerlez.

Item wann der hirsch jnn daß holtz geet vnnd du kanst jnn vff der Erden vom fuß nit ebenn spurenn, eß sey daß der grundt kisecht oder steinecht sey oder sunst heyicken oder durreß druck-
14 neß wetterß halbenn, vnnd dir doch der || Leydthundt ein fart zeygt, die er vernympt, so sich zu berge ann denn heckenn, wo daß laub vnnd die reyßer zerfurt[102]) vnnd gestrupfft[103]) seint, dieß hat ein hirsch mit dem gehörn gethon vnnd kann eß kein wildt mit denn orenn thun. diß zeichenn heist daß widerlez. |

(5) 137 v$^{3-6}$ | (14.) Vonn dem ruren.

Item wo der hirsch zu einem scherhuffen od*er* ameßhuffenn kömpt oder sonnst zu einem huffenn, daß zerfurt er gern mit denn fussenn oder dem gehorn, bey dem zeychen sey gewiß, daß eß ein hirsch ist, vnnd thut eß kein wild. diß zeychen heist daß ruren. |

(6) 137 v$^{9-10}$ | Der hirsch trit auch vyl dieffer vnnd fester jnn die erdt dann ein wildt, wann ein yglichß groß dhier trit dieffer vnnd fester jnn dann ein cleineß. |

(6) 137 v$^{12-13}$ | Der hirsch schreytt auch weytter dann daß wild. wo du disse beyde zeychenn beyeinand*er* sichst, daß ist ein gut zeychenn eineß hirschß. | ||

(7) 137 v$^{14-20}$
15 | (15.) Vonn dem abtritt.

Item der hirsch tritt auch daß graß mit dem hindern ballennn vnnd allenthalbe*n* mit dem fuß alß scharpff vnnd rein ab, alß ob eß mit einem schrpffenn messer abgeschnitenn wer, daß kann kein wild thun; sie tritt wol daß graß ab, aber nit alß scharff alß der hirsch, wann sie zermult oder zermust [104]) eß, vnnd diß zeychen, so der hirsch also thuth, heist abtrit. |

Du solt auch gar ebenn acht habenn mit dem geeß, wann der hirsch bysset denn eher ganz gleych dem halm ab, vnnd bißt daß ander geeß scharpff ab. daß thut kein wildt nit, sonder eß zerkewet daß geeß vnnd beyst denn eher nit reyn vnnd sauber ab. |

|(16.) Vonn dem abtritt[105]). (8) 137 v^{21} bis 138 r^{8}

Du solt auch warnemen, wo du denn hind*er*fuß sihest jnn dem vordern fuß gleych stehen vnnd keiner vor denn andern gehet. daß thuth der hirsch vnnd kein wildt, vnnd disseß zeichenn heist der abtrith, die weyll der hind*er*fuß jnn || den fordernn komet, 16
ist ein gewiß zeychenn deß hirschß. |

|(17.) Vonn dem Blendenn. (9) 138 r^{9-16}

Der hirsch, der trit mit dem hindern fuß gleych dem fordenn, daß sie einander ebenn gleych stehenn alß ob eß nur ein fuß seyhe; etwann tritt er mit dem hindern fuß vor denn vordern, daß ist ein auß der massenn gut zeychenn, daß eß gewißlich ein hirsch ist, vnnd so er also vortrit, daß nennen die jeger blenden.

(18.) Vonn dem ereyllen.

Wan aber der hirsch nit mit dem hindern fuß vortritt sonder gleych jntrit, daß eß erschynet gleych ob eß ein fuß sey, daß nenen die guttenn jeger daß ereyllenn vnnd an diessenn beyden zeychenn sey gewiß, daß eß kein wild sonder der hirsch thut. |

|Item aber ein gewiß zeychenn: der hirsch gehet alwegenn mit (11) 138 r^{20} bis 138 v^{2}
einem beschlossenen fuß vnnd einem bezwungen fuß, vnnd also daß er zwischenn dem spalt || vssschlecht, vnnd diß zeychenn 17
nennen die jeger zwingenn. daß ist dar vonn daß er denn fuß vornn zwingt, daß daß nicht darzwischenn vssgann mag. vnnd disseß kann kein wild gethun, daß sie jrenn, fuß also fast zwing, eß geet alweg etwaß darzwischen hervß. |

|Eyn anderß: dem hirsch geet zwischenn dem schildt jnmitenn (12) 138 v^{8-10}
jnn dem fuß gleych mitenn durch denn fuß her ein dingle vss gleych einem fedemlen; daß nennen die jeger daß fedemlin.

Vnnd disseß mag kein wild gethun, vnnd ob sie eß wol thuth, so ist der faden groß vnnd vngeschaffenn. daß macht, daß sie denn fuß gleych dem hirsch nit zwingen kann. |

(13) $138\,v^{11-17}$ |Noch mer von deß hirsch fuß zwingenn, wann der hirsch denn fuß also fast zwinget vnnd beschlossenn hat, so geet vorn vss dem spalt ein klein dingk, daß dhun ist gleych einer naßen vnnd diß nennen die jeger daß neßlen. diß ist ein gewiß zeychen deß hirschs. | ||

(4) $137\,r^{4-11}$ |(19.) Vonn dem wildt vnnd seynner wandlung.

Daß hochwildt[106]), so daß vonn dem geeß geet vorsich jnn denn wald, so sucht eß die dicktenn vnnd schleufft vonn einer dickten vnnd studenn zu der andern biß sich bestatt, vnnd ann dem zeychenn, so sie also henn vnnd her schleufft, soltu merckenn, daß eß ein wildt sey; vnd der hirsch muß vonn wegenn seynß gehornß die weytte habenn. |

(4) $137\,r^{11-15}$ 18 |Daß wild hat auch spizig klaen vnd hatt einen kurzenn schmalen fuß; so hatt daß wild cleine bellelin vnd ist zwischenn denn bellelin enge vnnd ist kurz vonn denn bellelin biß an die affter kla vnnd die affterkla sicht inwendjg vnnd ist dunne, spizig vnnd klein, darbey magstu daß wild erkennen, wann der hirsch thuth jme nit also. |

(20.) Vonn der Burz.

(14) $138\,v^{18-21}$ |Eß gehet auch jnn der mite deß fedemlinß vom hirsch wol
19 einer haßelnuß, || vnnder weylenn nit großer dann ein erbiß groß, ist erdenn, vß; aber eß beschicht seltenn, daß zeychenn nennen die jeger daß Burz. |

Vnnd wann der hirsch laufft, so wirfft er vorn mit der spize der klaen ein kleineß kugele vonn erdenn vß; daß nennt man daß burz, bourz.

(15) $138\,v^{23}$ bis $139\,r^{4}$ |Deß hirsch fuß ist vornnen stumpff vnnd ist die schale gewelbet gleych einem wolgeschaffenen scharsach, so ist ein[er hinden] fuß

spizig vnnd vngeschaffenn, bey dissenn dingenn soltu auch merckenn, daß eß ein hirsch thut, wann daß wild hat ein fuß gleych dem hirsch, aber dem wild ist der fuß kurz vnnd schmal, so ist dem hirsch der fuß langk vnnd breyt. |

|Der hirsch hat auch hinden große ballen vnnd jst vonn denn (16) 139 r^{5-10}
ballen biß an die affterklawen [weytt vnnd langk, die affterklawen] steen weytt vonn ein ander vnnd sehen vßwendig vnnd sein jnne die affterklawenn stumpff, vnnd wo er die erde rurt, so ist eß gleych alß der zwene daumen drin gedruckt hab, auch sind dem hirsch die ballen hinden weytt. ||

Daß ist daß allerbest zeichenn vff denn spurenn so gesein mag. | 20

|Dargegenn sint dem wild die ballen klein, vnnd ist zwischenn (17) 139 r^{12-19}
denn ballen eng vnnd kurz vonn denn balle biß zu der affter klawen; deß wiltß affterklaen sich jnnewendig vnnd ist dünn, spitzig vnnd klein. so du daß sichst, so spur sie vor ein wild. |

|(21.) Vonn des Hirsches vnnd wildts gangk. (18) 139 v^{20-26}

Deß hirsch fart ist gleych alß ob jrer zwen seyhenn vnnd doch nit mer dann einer, wann er schrancket mit dem gangk die fuß vber ein ander. dargegenn gehet daß wild schlecht vor sich vnnd sezt jre fuß vor ein ander gleich. daß thut der hirsch nit, wann er gehet alwegenn geschranckt. diß zeichenn nennen die jeger geschrenck vnnd ist ein hirsch gewiß. |

|(22.) Noch vonn des Hirsch vnnd wilds gang. (25) 140 v^{2-9}

Wo auch der hirsch bey hochwildenn gehet, so gehet er alwegenn sonderbar nebenn dem wildt vnnd alwegenn geschranckt gleych ob jrer zwenn seychenn. so gehenn die wild wie vil ihr sind nebeneinander || inn einem pfad vnnd nahend beyeinander. daß thut der hirsch nit sonder er gehet neben jne oder 21
hinder jnne nach. bey dem zeichen soltu merckenn, daß eß ein hirsch sey. |

(27) 140 v^{17-21} |Item der hirsch seycht nebenn vß der fart wie ein hundt, aber daß dhier seicht jnn die fart. darbey magstu denn vnderscheid erkennen. |

(26) 140 v^{10-16} |(23.) Vff einem stiebenndenn schne hirsch vor wildt zu erkennen.

So hirsch oder wildt durch einen stiebenden schne, sandt oder ryßenden ertrich gangenn sint, so mustu acht nemen. daß wild schritt eng vnnd gehet schlecht vor sich; so schrytt der hirsch weytter vnnd schranket. So mustu eß auch ann dem geloß vnnd dem seichen wie vor erzelt erkennen, wann sunst der ryßend schne vnnd der sandt bedeckenn die erkentniß deß spurß. |

(19) 139 v^{2-4} (24.) Von dem Grummen oder Burgstall.

|Merck vff diß zeychenn wie nachfolgt, daß ist ein gewiß zeichenn. der hirsch fly, er gee oder stehe, so muß er diß zeychenn thun. | ||

(19) 139 v^{4-10}_{22} |Der hirsch der [trit hindenn] vnnd fornnen gleych jn den [herdt] vnnd scheubt hinden mit denn ballenn für sich vnnd zeugt vornnen mit denn fussenn denn herdt ann sich, daß eß ein buhell mitten gewentt. daß nennen die jeger nach jrer art denn grummen oder Burgstall. So du denn buhell sichst vnnd hinden vnnd vornen gleych getretten ist, so sprich jnn frolich vor einen hirsch an. vnnd diß zeychen thut kein thier. |

(20) 139 v^{19} bis 140 r^{3} |Diß mag daß wildt nit thun, wann eß gehet alwegenn mit ragendem fuß vnnd mit schlechtem fuß, jr fuß ist auch alwegenn vngeschaffen vnnd jr gemeld nit so hupsch alß deß hirschß. |

(21) 140 r^{4-8} |(25.) Vonn deß hirsch Ingesigell.

Daß ist wann der hirsch jnn katigenn herd oder frischem ertrich gehet, so scheubt er [dari]nnen denn herdt an sich; wann [der] hert naß ist, so wirft er denn schuch gantz vonn jme. daß ist ein gutt zeychenn vnnd heysset deß hirschß Ingesiegell. daß ist, so er den grummen, daß fedemlin . . . |

DIE WOLFSKEELSCHE HANDSCHRIFT

T

Württembergische Landesbibliothek Stuttgart

Cod. cam. et oec. qu./oct. 9

Gewise Experiment vnd Kunststück, welcher Lust vnnd Liebe hette ein guter Waydtman zu werden. ||

(1.) Welcher Ein guetter Waydtman begert zu werden, der soll nachgeschriebene Aygenschafft vnd Natur eines jeden gewildts vleißig lernen vnd obseruiren. 1r

| Welcher ein guter jäger werden will, der jage auff mit den (22) 140r$^{12-16}$
Laydthunden in der faiste, so findt er mancherley handt zeichen, die sich nit alle lassen schreiben, es were auch schadt, das ein jeder jäger wissen solt, vnd sey vnuerdrossen vnd nicht laß drüber, denn von schlechten Katzen werden selten erlauffen die meuß im hauß. | ||

(2.) Ein Kurtzer Anzug von des hirschen vnd des wilden fueß wie eins vor dem andern zuerkennen sey. 1v

1. Des hirschen fueß ist rundt wie ein hertz, verlengert sich von hinden herfürwerts biß zum endte des fuesses allgemach wie ein hertz, vnd ist hinden am Ferßen am breitsten.

2. Ist fornen brait vnd stumpff.

3. Er ist ein wenig hohl.

4. Wo es eben oder naß Landt hatt, seind sie scharpff, im gebürg aber seindt sie vertretten.

5. Die fordern spitzen gehen gegeneinander wie die Krebsscheren.

6. Setzt seinen fueß hinden vnd fornen gleich nider.

7. Hatt einen weitten schritt.

8. Hatt(e) braite grosse ballen. ||

2r 9. vnd 10. Ist hinden weit zwischen den ballen; hatt lange schahlen.

11. Seine Rickhe seindt stumpff vnd dickh, stehen außwerts vnd weit voneinander.

12. Er setzt seinen Rechten fueß fornen vff der Rechten seyten außwerts, vnd seinen Lincken fueß vff der Lincken seiten außwerts, vnd also einen fueß vmb den andern, bricht auch das erdtrich vorn mit der Rechten vnd Lincken inwendigen Klowen allweg besser dann mit der Rechten vnd Lincken vff beiden seiten außwerts.

13. Dritt mit der außwendigen schahlen vnd ballen dieffer als mit der jnwendigen.

14. Macht den Rechten vnd Lincken eüssersten ballen allmal grösser als denn jnwendigen ballen. ||

2v 15. Herwiderumb macht er die Lincke vnnd Rechte Clawe forn jnwendig allmahl vnd ein guets braiter als die außwendige Lincke vnd Rechte Klawe.

16. Der hirsch gehet mit der*en* fordern füeß selten geschlossen, doch grimmet[107]) er mit der rechten vnd Lincken eüßersten Klawen dieffer als mit der inwendigen Klawen.

17. Mit den hindern füessen gehet er des Mehrern theils geschlossen vnd selten mit offenen füessen.

18. Er schleüft die füeß nicht auff dem Erdtreich, schnee oder Sandt.

19. Mit dem hindern vnd fordern rechten fueß macht er seine rechte förde[108]) vnd mit den hindern vnd fordern Lincken[109]) füeßen macht er seine Lincke fördern, vnd wan er gleich blendt, so macht er ein schranckh mit. ||

3r 20. Der hirsch thuet mit dem hindern rechten fueß die bestn zaichen.

3v (3.) Gestaltt Eines wildes fueß.

1. Des wildes fueß ist lenglich wie ein Ey, in der Mitten am breyttesten, verleüft sich gegen denn ballen vnd gegen den zehen.

2. Ist auch vornen schmahl vnd spitzig.

3. Ist inwendig nit so hohl als ein hirsch fueß.

4. Die fordern Spitzen an Klawen gehen geradt auß.

5. Setzt seinen fueß gemeiniglich hindereinander vnd schlim.

6. Gehet mit geraden oder ragenden fueß vnd setzet nicht hinden vnd Vornen gleich nider, dan wan es vornen mit den Klawen nid*er*sitzt, so lest es hinden vffgehen, setzet es aber hind*en* mit dem ballen nider, so last es fornen vffgehen, sticht vnd scheübet mit den zehen geradt einwerts, griemet nicht, macht den fueß, sonderlich wann es berge vffsteiget, etwas lenger dann sonst, von wegen dz es || nicht griemen kan, vnd würdt in steigen gar offt gesehen. 4r

7. Hatt ein Kurtzen schritt.

8. Ihre Ballen seindt Klein vnd schmal.

9. Ist enge zwischen den ballen.

10. Hatt Kurtze schahlen.

11. Seine Rickh seindt scharpff vnd dünne, stehen einwarts, stehen nicht so weit voneinander vnd auch nicht so weit dahinden als ein hirsch.

12. Seinen Fueß setzet es wie ein weib, das mit den Verßen außwerts gehet, vnd mit den zehen einwerts gehet, macht [mit] dem Rechten fueß den Außwendigen ballen grösser dann den Lincken, vnd mit dem Lincken fueß den außwendigen Lincken ballen größer dan den Rechten.

13. Wann es mit offenem fueß gehet, so sticht es mit der Lincken Klawen dieffer als mit der Rechten. ||

14. Es scheüpt jm*m*er für sich vnd schleüfft vff der erden mit 4v
den füessen, sond*er*lich wan es in dieffen Sandt oder waicher Erdtreich gehet, pleibt wenig darzwischen.

15. Das wildt schrencket nicht.

(4.) Nota.

Eine wildes fart ist hinden am ballen gar schmahl vnd eng, vnd breit sich vom ballen biß vff den halben fueß, verleürt sich die brait jm*m*er zue herfürwarts biß zum ende des fuesses wie ein Ay. ein wildt gehet so enge, das du nicht zwischen drey füessen dursehn kanst, du sehest den mitler fueß allemahl mit, oder gehet so genaw dran her, das ihn rühret.

Ein wildt schreidt vber zwen schuech nit; ein hirsch, der schreitt, wann er vber Achtendt ist, III; wanns ein guter großer jagbar hirsch ist, so schreitt er drey schuech vnd drüber; je weiter er drüber schreitt, je mehr anzeigung eines großen hirschens gibt. ||

5r (5.) Nota.

Ein hirsch, wenn er dz wenden macht, so griemet er allemahl mit der eüssersten Klawen vnd mit der jnwendigen ballen gegeneinander, das thuet er mit dem Lincken vnd rechten fueß, jmmer eins vmbs and*er*, doch ist allemahl der eüsseste ballen an beiden füessen grösser anzusehen alß der jnwendige ballen.

(6.) Volgen nun andere guete zaichen, wie man ferner ein hirsch erkennen kann.

(19) 139 v^{8-17} |Der hirsch fleühet, gehet oder stehet, so mueß er das zaichen
thuen. Erstlich der hirsch dritt hinden vnd fornen gleich in die
Erden, vnd schreitt hinden vnd fornen mit den ballen gleich in die
erde, so zeücht er fornen mit den füeßen die Erdt an sich, vnd
scheüpt sie mit den ballen von sich, vnd macht mitten in [den]
5v füeßen ein büchel. wann du den büchel sihest, das || er hinden
vnd vornen gleich getretten ist, soltu alsdann keinen zweiffel haben, dz es ein hirsch sey, vnd sprich ihn sicherlich an, es nennens die guten jager vnnd Maister dz Burgstall, wan du dz zaichen sihest, so nimb eben wahr, dann es ist ein guet zaichen, vnd thuets keine hindin. |

(7.) Von dem Hirsch wie er gehet.

(21) 140 r^{5-10} |Wan der hirsch vff waichen erdtreich gehet, so scheübt er die erdte von sich vnd würfft den waichen schutt gantz von ihnen,

dz ist, wann er voll würdt, vnd ist ein guet zaichen vnd heist des hirschen jnsigell, vnd ist dauon das griemen vnd das feßlein, dz blenden vnd das vbereylen vnd alles, was ein hirsch thuet, darumb ist es genant der jnsiegell, daß man alle dinge darin sihet. | ||

(8.) Deß Hirschen wandlung wie die beschaffen sey. 6r

|Der hirsch wann er im graß gehet vnd sich gewaidet hat, so (3) 136v^{15} bis 137r^{8}
gehet er baldt für sich naus in den waldt vnd thuet einen widergangk vnd einen Absprung wie ein haß vnd gehet in die geholtzer hin und her biß in die Sonne wol drücknet; so gehet er dann, wo er die dicke waiß in dem holtz. Da besteht er sich dann vnd pleibt, daß haist des hirschen wandlung; wo du das sihest, so magstu wissen, das es ein hirsch thuet, auch gehet der hirsch gerne vff pachen vnd steichen, dabey soltu mercken, das es ein hirsch ist. |

Der hirsch sey jung oder alt, so macht er wenig farth in den feldtern vnd thuet keinen schaden, wie weit er zue feldt gehet oder gewesen ist; wo er sie hin hatt vber feldt, so dritt er gemainiglich mit den hindern füessen vor die vordern, gleich || ein 6v
zeltvferdt[110]), doch mags ein grosser hirsch so wol nicht thuen alß ein junger, dann jenem sein geöder[111]) zu alt vnd vngleich ist; es kans auch kein wildt nicht thuen; ein jed*er* hirsch, er sey jung oder alt, so schreitt er weiter dann ein wildt.

(9.) Der Hindin widerwandlung, wie die geschaffen seye.

|So sie von dem graß gehet, so gehet sie vor sich in den waldt, (4) 137r$^{8-10}$
so streücht sie auch die dicke von einem standt zue dem andern vnd bestettet sich auch zu einer dicke, darbey soltu mercken, das es eine hindin seye, wann sie vor sich fleücht durch die stende, das mag kein hirsch nicht thun; die hindin gehet mit wagendem fueß, vnd hat einen kurtzen schritt, vnd ist eng zwischen den obern Klawen. die obern Klawen stehen vor sich vnd ist eng vnd spitzig; darbey mercke, dz es ein hindin seye. | ||

7r (10.) Wie ein Hirsch in der Feistin zu suchen seye.

(1) 136r$^{1-10}$ |Wiltu lernen einen hirsch erkennen, so lerne zum Ersten, wie du einen hirsch soltu suchen in der feisten; zum Ersten soltu in den vorwaldten, wo die felde liegen alß Rocken, Gersten oder habern suechen, da ist jhre wohnung gern in der feisten; so solt auch suchen vff den brachen, vor den wälden, da ist auch gerne jr wohnung; so soltu sie auch suchen vff dem gehöw in den wäldten vnd vff den brenden vnd Rewden, da seindt sie alweg
(2) 136v$^{4-11}$ gerne. | |Item in der Brunst soltu die hirsch suchen in den wäldten, seindt sie gerne bey den hindin, du solt sie auch suchen in den vorhöltzern vnd in den wäldten vff den alten wägen; du solt sie auch suchen vmb die sahl weyden an den wasser, oder wo du setzen waist, da ist alles wildt gerne in der brunst. | ‖

7v (11.) Ein ander guett zaichen.

(5) 137r^{17} bis 137v^{7} |Den Hirsch zu erkennen soltu mercken, wann der hirsch in dz holtz gehet vnd dz laub mit dem gehirn rühret oder abschlecht, das zaichen haist dz wenden oder widerlaß; dz zaichen soltu gar eben wahrnehm*m*en, dann es thuets kein hindin mit den ohren. du solt auch sehen, wo der hirsch gefürbet hatt sein gehirn an die beumlein vnd geschlagen, dann er schlecht dickh, so er doch gefürbet hatt, dz ist auch gar ein guet zaichen vnd heist geschlagen. du solt auch merckhen, wo ein hirsch zu einem schaar hauffen oder zu eim Ömeiß hauffen kompt, so zufehrt ers mit dem geherne vnd mit den füessen gerne dabey; mercke das ein hirsch seye,|
(6) 137v$^{8-11}$ |Auch soltu wissen, daß ein hirsch alle zeit dieffer in die erdte dritt dann ein hindin, dann ein groß Pferdt dritt alwegen dieffer in die erdt dann ein klein Pferdt. Ein hirsch schreitt auch weiter
(7) 137v$^{18-19}$ 8r dann ein hindin.| wo ‖ du ein farth spürst, dz das graß abgetretten ist, so sich, der hirsch dritt dz graß ab gleich als were es mit einem scharschach abgehawen. dz thuet er mit den ballen vnd thuets kein hindin, sie dritt dz gras auch ab, aber nit so vollköm*m*lich, sie zumerschet es. |

(12.) Ein ander guett zaichen.

|Wann du den hindern fueß bey dem fördern sihest, dz sie gleich (8) 138 r$^{1-5}$
nebeneinand*er* stehen vnd keiner vor dem andern gehet, so mercke,
das ein hirsch ist, dann es kein hindin thuen mag, vnd ist gar ein
gewiß zaichen vnd haist der beytritt, weil er den hindern fueß
neben den fördern fueß setzet.|

(13.) Ein ander guet zaichen wie man ein hirsch erkennen soll.

|Der hirsch tritt mit dem hindern fueß gleich in den fördern, (9) 138 r$^{9-12}$
dz sie beyeinand*er* stehen, eben ob es nur ein fueß were, etwan ||
dritt er mit dem hindern fueß für den fördern, dz ist gar ein guet 8v
zaichen vnd haist dz blenden oder vbereylen, darumb dz er den
hindern fueß für den fördern setzet.| |ein hindin tritt auch mit (10) 138 r$^{13-19}$
dem hindern fueß in den fördern, doch nit so vollkom*m*enlich
als der hirsch thuet.| |Item der hirsch gehet alwegen mit ein- (11) 138 r^{21} bis 138 v^{2}
geschloßen vnd gezwungenen füessen, dz er nicht mitten durch
den spalt auß läst gehen. dz mag kein hindin thuen, dz sie zwen
fueß also fast zuzwinget vnd beschleüßt; ihr gehet alwege zwischen
auß. das zaichen heist dz zwingen.| |Nun gehet dem hirsch (12) 138 v$^{4-10}$
zwischen dem spalt da mitten durch den fueß ein klein ding auff
als ein fedenlein, dz mag kein hindin thuen, dann jr faden ist
groß vnd vngeschaffen. dz zaichen heist dz fedenlein, vnd haben
die Meister vnd jäger guten glauben dran. |Item wann der hirsch (13) 138 v$^{12-17}$
den fueß fast zwinget vnd beschlossen hat, so gehet jme fornen ||
auß dem spalt ein klein ding von der Erden vnd ist dinne als ein 9r
laub vnd ist geschaffen als ein Nuß. darbey magstu den hirsch
wol ansprechen, dann es ist ein guet zaichen vnd heist dz Neß-
lein.| |ihm gehet auch mitten in dem spalt ein büchlein, wol in (14) 138 v$^{19-22}$
der größe als ein haselnus vnd ist auch kaum als ein Erbs vnnd
etwan minder dann ein Erbs. dz zaichen heist dz bürtzlein, vnd
ist gewiß, doch sicht man es selten.|

(14.) Nun mercke wie des hirschen fueß geschaffen sey.

(15) 138 v[24] bis 139 r[4] |Des hirschen fueß ist gleich gewölbt als ein recht geschaffen scharschach, vnd ist fornen stumpff vnd ist lang vnd brait. so ist auch der hindin fueß kurtz vnd schmahl. | ||

9v (15.) Wie du ein Hirsch spüren magst, da er nie hinkommen ist.

(39 u. 40) |Item wann der hirsch gehet in dem Sandt, acker oder im Schnee so magstu ihn spüren, da er nie hinkommen ist, wann er vff der seiten außwürfft oder wann er in einen berg gehet vnd last die lößung fallen, so laufft die loßung den berg nider. da magstu ihn spühren, da er nie hinkom*m*en ist. |

(36) |Item wann der hirsch müede ist, so laufft er nach den wassern. wann er dann auß dem wasser kombt, so jhm der fueß noch naß ist, so kanstu ihn vff einen hartten stein spüren. |

(16.) Ein ander zaichen.

Item wann der hirsch im graß oder im daw gehet oder wann es geschneidt hat, so gehet der hirsch mit geschrencktem fueß
10r hin vnnd wider durckheln[d] wie ein voller bawer || |vnd schrenckt
(18) 139 r[31] bis 139 v[1] einen fueß vber den andern, gleich ob es zween wern; wo du dz sihest, so sprich ihn frölich vor einen hirsch an, dann ein hindin gehet alwege einen schlechten gang vor sich hin in dz holtz vnd hatt auch viel ein kurtzern vnd engern schritt an sich dann ein hirsch. das zaichen haist dz schrencken. |

(17.) Ein anders guet zaichen. Von des hirschen Ricks vnd ober Klawen.

(16) 139 r[6–12] |Der hirsch hatt hinden grosse ballen vnd ist vom ballen weit vnd lang. die ober Klawen stehen voneinander vnd sicht auß-wertzs. vnd wann er die Erde darmit berürt, so sicht es als hette man zween daumen dargetaubt[112]). vnd seindt die ober Klawen
(4) 137 r[11–16] stumpff, auch seindt die ballen hinden weit. | |die hindin hatt

einen spitzigen fueß, vnd wann sie gehet, so gehet sie || nur mit 10v
regendem fueß vnd hat einen kurtzen schritt vnd ist eng hinden zwischen den ober Klawen, vnd stehen vor sich vnd seindt die ober Klawen dinn vnd spitzig. bey den zaichen mercke, dz es eine hindin ist. |

(18.) Von des hirschen gloß wie die beschaffen sey.

|Deß hirsch gloß ist groß vnd schleunerich[113]) vnd breitet sich (24) 140v r^{23-25}
vnd henget aneinander wie ein Pater Noster, so ist der hindin
gloß spitzig vnd Klein, recht alß einer Gaiß. | |Item wo der hirsch (25) 140 v^{3-7}
bey dem wildtbrett gehet, so gehet er allwegen neben dem wildtbert, vnd gehet geschrenckt, gleich ob ihr zwen weren, so gehet die hindin in einer fart beyeinander. dz thuet der hirsch nit vnd ist gar ein guet vnd gewiß zaichen. |

(19.) Ein ander guet zaichen.

|So der hirsch in einem Sibendenn[114]) oder reissen[115]) sandt (26) 140^{11-16}
gehet, so soltu ihn erkennen bey dem || weydtschritt vnd bei dem 11r
schrencken vnd bey dem gloß| |vnd bey dem stallen, dann ein (27) 140 v^{19-23}
hirsch stalt auß der fart vnd ein wildt stalt in die farth, darbey mercke, was ein jegliches sein mag. |

Item wann ein hirsch springt vber ein zaun, so felt er mit den füessen nahendt beyeinander zu dem zaun. vnd lug eben darnach, so spürstu etwann nur drey füesse vff der Erden, also dz er den Vierdten fuess im sprung nicht nider läst. dz ist auch ein guet zaichen. ein wildt springt weit vom zaun, auch nicht gleich, nit so nahendt zuesam*m*en alß ein hirsch. der hirsch macht den hindern fueß in den fördern klein vnd wann er an einen harten weg gehet, so zeühet er vornen kleine grüblin an sich. der hirsch hatt einen hohlen fueß, hiebs[116]) gewelbet, fein zusam*m*en geschlossen, lange schahlen, große ballen, Alls einer zwey Ayer darein getrückht hett. ||

11v Item wann dz wildt im graß gehet, so stehet das graß wider
nach jhr auff. vnd hatt einen spitzigen fueß. es sein auch die
schahlen einander vngleich in der Erden, sichet gleich als hette
einer zwen finger in die Erden gestoßen, gleichen voneinand*er*
vnd hat kleine ballen vnd ist kurtz in den Rickhen. des hirschen
schalen aber gehen hinden vnd fornen gleich in einer dieffe. Ein
jeder hirsch dritt dieffer in die Erden dann ein wildt.

Item wann der hirsch im maß[117]) gehet, so macht er vorn ein
wesselein[118]) vber den fueß vnd zeucht vornen an sich. wann du
es nit sehen kanst, so greiff vornen mit den fingern hinein in die
farth. ist der fueß gleich in einer breite vnd vorn an sich gezogen,
so ist es ein hirsch. das wildt hat einen spitzigen fueß. man kann
mit den fingern nicht hinfür greiffen. vnd ob sie die zeichen thuet,
so mag sie doch nicht mit der Versen zu der Erden. sie thuet die
zaichen, wann sie gegen dem Thal gehet, aber doch nicht so offt
12r als der hirsch. || wann der hirsch im Koth gehet, so thuet er die
schalen auff vnd tritt mit den hind*er*n füessen in den fordern, aber
nicht gar hinfür, es fehlet vmb einen halben zwer[119]) finger. er
setzt den hindern fueß in den fordern. er macht ihn kleiner dann
den fordern. das ist gar ein guet zaichen.

Item wan der Hirsch vff einem harten weg gehet, so tritt er mit
den eüssern schalen dieffer dann mit der jnnern vnnd zeuhet
vornen kleine grüblin an sich. Item wann er im graß gehet, so
zeüht er vornen an sich. er thuts auch im moeß. wann der
hirsch fleühet, so macht er mit seinem Rückhen ein Creütz[120])
vnd setzet sie in die Erden vnd stehen die spitzen außwarts. seine
farth ist hinden vnd fornen in einer breit vnd dieffe. vnd kanst
mit den fingern hinfür in die schalen greiffen. seine Rickh sehen
12v vff die fordern Spitz || der Clawen. wann ein wildt flüchtig ist,
so stehen jre schalen nit gleich in einer dieffe. man kan mit den
fingern nicht in die schahlen hinfür greiffen. ihre Rickh sehen
einwarts, greitelt[121]) mit den Schalen breit voneinand*er* vnd ist
nicht gleich. Ist bey den ballen Eng vnd vornen weit vnd

vngleich. Item wann der hirsch im schnee gehet, so stöst er den schnee von jhm weg vnd thuet die klaw am hind*er*fueß vmb einen zwerch[122]) finger auff. daß thuet kein wildt. wann der hirsch im schnee gehet, so würfft er auß, daß ihm der schnee in der Clawen ballet. daß thuet auch kein wildt. jn der brunst ist der hirsch am besten zuerkennen. Er verräht sich selbs vnd macht eine guete große farth.

(20.) Ein guet zaichen wan du wilt wissen, ob ein wildt ein hirsch oder wildt Kalb dräget.

|Der hirsch isset faul baum. dz thuet kein wildt. es isset kein (17a)
faul baum, es trage dann ein || hirschkalb ihn gehene[123]) doch 13r
thuet es dz zaichen.| der hirsch beist den eben ab, vnd dz wildt beist den schreibs[124]) ab. dz thuet dz wildt, wann es ein wildt kalb tregt, sonst isset es jn nicht, es trage oder trage nicht. das ist ein guet vnd gewiß zaichen.

(21.) Ein guet Meister zaichen.

Wann ein stuck wildt ein hirsch kalb dregt im leib oder wann es baldt setzen will, so vermüht sich vff ebenem wege. tregt es ein hirschkalb, so mag es den rechten fueß nicht zu den hindern bringen, tregt es aber ein wildtkalb, so kan es den Lincken fueß nicht wol zu dem fordern bringen oder setzen.

(22.) Ein ander guet vnd bewerth zaichen.

|Item wiltu wissen, ob die hindin ein hirschkalb tregt oder ein (15a)
wildt kalb, somercke eben vff den dritt. dritt sie vff || der Rechten 13v
seiten dieffer in die Erdt dan vff der Lincken seiten, so tregt sie ein hirschkalb, dritt sie aber vff der Lincken seiten dieffer dan vff der Rechten seit, so tregt sie ein wildtkalb.|

(23.) Vnderschidt des Hirschen vnd des wildts bett zu erkennen.

Des hirschen bet ist lang vnd weit vnnd wann er darauß springt, so fellet er gar vntugentlich von dannen vnd zerstört dz laub mit

dem gehörn. er reist auch mit den füessen das graß vnd den wasen[125]) auß der Erden, auch sein bette vnd sonderlich vmb jagtzeitten vnd er ihn[126]). das wildtes bett ist schmahl vnd kurtz vnd liget nicht gerne allein. entweder es liget sein kindt oder sein gespüle[127]) bey jhr. wann du den hirsch auß dem bett jagst, so stehet er geweniglich mitten im bett auff, er lest eins oder zweyer
14r hengseil lang die loßung fallen. das ist ein guet vnnd ‖ gewiß zaichen. dz wildt durckhelt auff dem bett rauß als hette einer zween finger in die Erde gestossen.

(24.) Von bösten vnd noch jungen hirschen.

Die seindt gar nützlich zulehrnen. ein jeder hirsch, wie jung er ist, hat sein aigenschafft vnd natur so wol als ein grosser hirsch. er mueß auch alles thuen, das ein hirsch thuet, doch mag seine Natur nit so volliglich wie sein vatter alles vollbringen. daß macht die grosse vnd die schwere. dann ein grosser hirsch gehet daher gleich wie ein drunckhen bauer. drumb gilt es die augen auff thuen, wer böße hirsch erkennen wilt. solt mancher jäger Fürsten vnd herrn böße hirsch zujagen, er wirdt sich des jagens abthun, darumb soltu [die], die nur nach der grösse jagen, nicht jäger heißen. es müßte ihn offt ein jager vnd herr vngejagt wider
14v von holtz ziehen. darumb ‖ daß sie die bössen hirsche nicht ansprechen dörffen vnd sagen, sie haben nichts gefunden.

Zum Ersten so mustu dises beyspiel mercken von jungen Knaben, wann sie nun werden in dem Alter ihres zimblichen verstandts, fahen sie an, achten nicht viel mehr ihrer Mutter, befleißigen sich aller menschlichen sachen als Ringen, Stechen. also ist auch einem jungen hirschen. wann er gespeiset, so treibt ihn sein Natur vnd ringes[128]) gemüeth von der Mutter vnd gesellet sich nimmer zue ihr. findet er aber seine gesellen, so vorgehet er sich mit Ihnen, treibt seinen schertz. sie lauffen mit den hörnlein oder spißlein zusam*m*en vnd fahen einander mit den zincklein. darbey seindt sie guet zuerkennen. es thuets kein wildt mit den

ohren. dann der hirsch wie sein Natur saget, so läst ers doch nicht. wo er zue einem Ömeißhauffen kommet, ‖ so zueferth er 15r
den mit dem hörnlein oder füessen, er schlegt auch bißweilen an ein stauden, vorauß thuet ers mit dem abgehen. thuet auch mit seinem bett wie ein größ hirsch. dz wilbert wohnet gern beyeinander vnd essen jres graß nahent beyeinander wie die Schwein, es sey gleich jung oder alt. vnd treiben jhr schertz allein inn dicken. so hatt er altes zuschaffen, da sichs erneher vnd sein Kalb zue saügen gebe. wenn ein junger hirsch vom feldt gehet, so dritt er am meisten mit dem hindern fueß vor den fordern. er thuets eher wed*er* ein alter. es kans auch kein wildt thun. der junge hirsch ist scharpff beschalt vnd ist lang in den Rickhen vnd von ballen biß zue Rickhen weidt. ein jeder hirsch wie jung er ist, so schreit er weiter dann ein wildt. ‖

(25.) Wann man der farth nachfahren soll. 15v

Wann man der farth nachfert vnd der hirsch geiagt würdt vnd vnter ander hirsch vnd wildtbret kompt, so sihe fleißig auff vnd fahre ihm nach. er wirdt wider gehen vnd bißweilen drollen. dz (hatt) hat er vor guter Zeit mit sorgen vnnd schreckhen gethann vnd suchet die wege vnd stege. offt macht er den fueß klein, schmahl vnd kurtz. dz kompt ihn gar hart an. es würdt ihm gar offt, dz er sich erzeigen muß. wann dir der geiagte hirsch vnder wildtbret laufft, so scheüpt es das wildtbret gern für sich vnd er helt gern hinden hinach wie dann vornen stehet.

Wann du in des hirschen bett kombst, so laßstu den hundt frölich auß geben. es ist noth, wiltu nicht zuschanden werden, dz du fleißig vffsehest wan der leidt- vnd jaghundt fast rehendt[129]) werden. ‖

(26.) Nun folget wie man Einen jungen Laydthundt außführen vnd arbeiten soll. 16r

Wann ein junger hundt järig würdt, so ziehe mit jhme im Ostern, wann es drucken ist vnd man die farth nicht wol sehen kan, an

einn ort, da es nit viel wildtbret hat. zeug nicht jme gen holtz
sondern inn samen vnd brachfeldern. laß ihn nicht mit langen
seyel suchen vnd were ihm am ersten nichts, er suche, was er
wolle, sond*er*n liebe ihm die farth vnd sprich ihm zue, doch sihe,
das du ihn nicht zu haißen fahrten führest. je speter vnd elter die
farthen sein, je besser es dem hundt ist. dann er gewehnt sonsten
der haißen fahrten vnd will die färth, die zeitlich geschehen ist,
nit suchen. wann er dann schreyen will, So were es jme in tag,
16v zwen od*er* drey nicht, er würdt nur desto || williger; aber wann du
sihest, das er die farth angenom*m*en hatt, so gib jm das schreyens
vnd and*er* thier zusuchen nicht nach dann hirschen vnd wildtbret.
will er aber mit wortten nicht abstehen, so magstu ihn wol ab-
walckhen biß ers wider vergißt. wann du mit ihne zum ferten
bist, so lieb ihn offt vnd gib ihm Recht vnd zeug den ferthen lang,
biß vors holtz, nach. dann verbrichstu die farth mit einem bruch,
das der hundt sihet. liebe jne dauon vnd greiff einmahl oder zwey
herumb, vnd wann du wider vff die ferten kombst, so zeug der-
selben alß lang nach biß der hundt nicht mehr darnach feldt.
wann du dan heimbkombst, so bindt den hundt an die sonnen, daß
er die hitze gewohnet, vnd sprich ihme stetigs zue. du solt ihne
auch nichts drincken lassen, wann er so hitzig ist. befleiß dich,
17r das du dem holtz nicht zue || nahent greiffst vnd nicht hirsch vff-
jagest. behalt den hundt nahent bey dir, vff dz er nicht dem windt
nach vber die farth schlaudert[130]). kombt er von der farth, so
richte ihn wider recht. darnach zeuch alle tage mit ihme hinauß.
du solt ihn nach dem jagen in der brunst zeit, wann die hirschen
stinken, arbeiten. das ist dem hundt guett. es ligt alle Kunst an
arbeiten der Laydthundt. darumb biß vnuerdrossen vnd vertraw
keinen vngelehrten Knecht drübe, sondern arbeit ihn selbst.

DIE HOHENLOHESCHE HANDSCHRIFT

U

Hohenlohesches Zentral-Archiv Neuenstein Nr. W. 5

(1.) Die Kron aller vornembsten gewisen zeichen zuerkennen. 1r

Gestalldt eines Hirschfuess.

1. Ist gemeiniglich forn fein rund, breit vnd stumpf wie ein lenglicht hertz, verleuert sich von hinden herfürwartz biß zum ende deß fues algemach wie ein hertz vnd jst hinden an fersen am bretisten, doch behelt er die breiten von forn an gemeiniglich durchaus bis an die baln vnd breitet sich gar gmach. etliche haben auch rundere fues. die vergleichen sich gar wol mit einem runden Hertzen.

2. Hat inwendig hole schalen alls weren sie gewelbet. vnd wo es eben oder nass landt hat, so seindt die schalen auff den seiten scharpf. Im Gebirg aber sein sie vertretten vnd stumpf.

3. Die fördern spitzen an der schalen geen einwarts gegen einander, fast wie ein krebs scheer.

4. Setzt seinen fuess hinden vnd forn gleich nider. Das jst er dritt hinden vnd forn gleich nider vnd solchs lest er nit. Man sehe

Gestalldt eines Wildtfues.

1. Ist forn schmal, spitzig vnd lenglicht wie ein zimblich rundt Ey, jn der mitten am bretisten, verleuert sich gegen dem Ballen vnd forn gegen den spitzen oder schalen.

2. Ist jnwendig gar flach vnd [nit][131]) so hol alls ein Hirschfues, vergleicht sich fast, souil die höl betrifft, mit einer Sawen. seine schalen sein sonst auch fein scharpff vnd vergleichen sich mit dem Hirsch jn derselbigen gegent. Allso jst das landt hart, so seindt die schalen stumpf, jst es aber weich alls sandig vnd sumpfig, seindt die schaln scharpff.

3. Die fördern spitzen an den schalen geen gerath aus.

4. Setzt nit hinden [vnd] vorn zugleich nider. Dan wan es vorn mit den schalen nider setzt, so lest es nit den Balln aufgeen. Setzt es aber hinden

es von wegen grosser hertte oder sehe es nit. ausserhalb jn der Prunfft vnd wan er jn gengen jst, geet er bisweiln auf den zeen vnd lest den baln nit offt sehen, sonderlich auff der hertte. darnach thut ers nicht mehr. ||

1v 5. Hat einen weiten schritt, schreittet gemeiniglich dritthalben, auch wol drey schue vnd etwas daruber. Doch nach dem der Hirsch gross jst, darnach schreit er auch. doch was jagbar Hirsch sein, schreitet keiner vnder dritthalben schue.

6. Hat lange schalen.

7. Hat breite grosse Ballen.

8. Im Erdtrich siehet sein Fuesstapff weit zwischen den Ballen auswartts hinden am fues. das machts, er nimbt vil erdtrich darzwischen.

9. Seine Rick seindt stumpff vnd dick, steen auswarts vnd weit voneinander.

10. Setzt seinen fuess forn wie ein hofferttiger kerel mit den zeen aus- vnd mit den Ballen einwarts vnd seinen rechten fues vorn auf die rechte seitte ausswarts vnd seinen lincken

mit den Ballen nider, so lest es forn mit den schalen aufgeen. In Summa: ein willdt, wann es seine beste zaichen thut, so thut es solche alle fornen mitt den schalen vnd nicht mitt den Ballen. ||

5. Hat ein kurtzen schritt. schreitet sellten vber zwen schue, es eyle dann.

6. Hat kurtze schalen.

7. Hat kleine vnd schmale Balln.

8. Im erdrich siehet sein fuesstapff schmal vnd eng zwischen den Balln auswarts hinden am fues. das macht, es nimbt wenig erdrichs darzwischen.

9. Seine Rick sein scharpff, düne vnd einwarts vnd nit weit voneinander. auch nit so weit dohinden alls eins hirschen.

10. Setzt seinen fues gerath, doch mer aus- alls einwarts; woe es zusehen ist, machts die auswendigen schalen vnd Balln grösser alls die jnwendige. vnd do du gleich die Balln nit sehen

Gestalldt eines Hirschfuess.

fues auf die lincken seitten auswarts vnd allso einen fues vmb den anderen, bricht auch das erdtrich vorn mitt der rechten vnd lincken jnwendigen schalen allweg besser dann mit der rechten vnd lincken auswendigen schalen. macht mit dem rechten fues den auswendigen rechten Ballen grösser alls den jnwendigen lincken. vnd mitt dem lincken fues den auswen-
2r digen lincken baln || grösser alls den jnwendigen rechten. zeucht allemal vorn an sich vnd scheubet hinden hernach.

Macht von wegen seins wendens die eusserste schale am rechten oder linck*en* fuess schmal vnd tieff vnd den baln gros einwarts. die jnwendige schaln aber macht er forn mer alls den halben fues breit auswarts vnd den balln einwarts schmal vnd schrenckt weidtlich.

Wo das erdtrich vorn steen bleibt, so er auff geen lest, vnd jst von beeden seitten alls von der rechten vnd lincken auswartts gebogen, jst gar ein gewiss zaichen. Jsts aber gebrochen,

Gestalldt eines Wildtfues.

kanst, so gib achtung auff die auswendige schalen. Grim*m*et nitt. setzt sein fues gemeniglich hindereinander vnd schlim, geet mit halb gewantem fuess vnd halben schranck kraus.

Geet jmmer mit ragentem fuess. Das jst, es zwinget niemals forn || so hart zusamen alls ein hirsch. sondern es lest allemal darzwischen etwas steen vnd wan es gleich zwingen will, so thut es doch solchs nur fornen mitt den zeen vnd lest die baln gar sellten nider. vnd do es gleich die balln nider lest, so verrett es doch die gestalt seins fuess.

11. Wan es geet, so setzt es nim*m*er mer die fuess allso in einander wie ein hirsch, wan er das blenden oder eilen macht. vnd do es gleich blenden oder eylen will, so verrette es doch die gestalt seines fuess. es geet auch gemeniglich kraus. Das jst, es tritt nimer eine*n* tritt wie den andern, einmal darüber, einmal drein, einmal darneben, einmal dahinden, einmal einwarts, das andermal auswarts.

das man nichts darzwischen sihet, das er nichts darzwischen, da es aufgangen, hat steen lassen, jst auch gar ein gut zaichen vnd heist die fullen[132]) spuer.

11. Geet mitt dem fördern fuess den merertheil offen vnd sellten geschlossen. Doch grim*m*et er mit der rechten vnd lincken eussersten schalen tieffer alls mit der inwendigen. Mitt dem hindern fues aber geet er merertheils geschlossen vnd thut darmit alle zaichen. Sonderlich mitt dem hindern rechten fuess.

12. Er schleiffet die fuess auff dem erdtrich oder schnee nicht oder je gar wenig. Solchs zaichen wirdt jm Taw, Schnee oder tieffen sant am besten. vnd bleibt weit darzwischen von wege*n* dess schrenckens. mit dem hindern vnd fordern rechten fuess
2v macht er || seine rechte ferrte vnd mitt dem hinder*n* vnd fordern lincken fuess seine lincke fertte. vnd wan er gleich blendet, so macht er den schrancken mitt.

Nota. Wan du drei fertten von einem Thier sihest, so gib

Wann es mitt offenem fuess geet, so sticht es mitt der jnwendigen schalen lenger hinauswartts alls mitt der ausswendigen.

Wann ein willdt mitt geschlossnem fues geet, sticht es mitt den inwendigen schalen an beeden fuessen. Allemal ein guts zumercken vor die auswendigen, vnd solchs jst gar ein gewiss gut zaichen.

12. Scheubt jmmer für sich vnd || (vnd) schleifft auf der erden mitt den fuessen, sonderlich woe es jm tieffen sande, weichem erderich oder schnee jst. bleibt wenig darzwischen. Das ist: schrencket nitt volkomenlich, macht nur den halben schranck.

Nota. Das willdt macht nur einen halben schranck.

Nota. Ein Hirsch thut seine zaichen alle mitt dem hindern rechten vnd lincken fuess. vnd thut dieselben gemeniglich gerath auswartts, vom leibe nach eines jedes zeichens art.

Gestalldt eines Hirschfuess.

achtung auff die zwo, die gleich hindereinander steen. steet nun die dritte zwischen den zween auf einer seitten, es sey die rechte oder lincke, das du darzwischen hindurch sehen kanst, vngefeher eins halben, gantzen, anderthalben, zwo, dritthalben oder biss vff drey fues breit, so merck, das das durchsehen dess gantzen[133]) fues breit einen Hirsch von 6 oder 8 enden anzaigt. Das durchsehen des gantzen fues breit einen Hirsch von 8 oder 10 enden. Das durchsehen dess anderthalben fuess breit einen Hirsch von 10 oder 12 enden. Das durchsehen zweier fuess breit einen Hirsch von 14 oder 16 enden. das durchsehen dess dritthalben fuess breit einen Hirsch von 16 oder 18 enden. Das durchsehen dreier fuess breit einen Hirsch von 18 oder 20 endenn. Doch jst die spur der Hirschen nitt auf die Gehürn sondern auff die grosse dess leibs gemeint. dise spur, wo du der eine findest, die triegen dich nicht. Sondern sie weisen dir Hirsch. ||

Gestalldt eines Wildtfues.

Ein willdt thut seine zeichen alle mitt dem rechten vnd lincken hinder*n* fuess. gemeniglich schlim vnd einwarts zum leib. Nach eines jeden zeichens arth.

Das ist: der Hirsch setzt gemeniglich seinen rechten vnd lincken hindern fuess dem fördern gleich, vnd nitt neher zum leib alls jm zeichen dess Blenden gescheen. sonsten gemeniglich geradt jm fordern fues daruor, darhinder oder auswarts vom leibe neben dem fördern fueß.

Das willdt aber setzt seinen hinder*n* rechten vnd lincken fues, wann es zum weittesten vom leib setzt, in fördern vnd blendet auch, doch selltten, sonsten gemeniglich schlim vnd einwarts zum leib, neben, hinder oder für den fördern fues. ||

5r (3.) Insigel vnd Pethschafft eines Hirschen.

Grimen, Burgstadel, Anziehen, von sich schieben, Nueßlein vnd das Fedemlein.

Das Naßle, wandelung, Blenden, ereylen, Creutzspuer vnd der Abtrit, Beytritt, Pürtzel, widerlaß, Himelspor, Gewendt vnd das Gerich[134]).

Das Geschlecht. Rorenn, Schreiten, Schrencken, Nebengang vnd das Zwingen.

Loeßung, Tipffle, Schuch, Stall, Albiß[135]), Krebsschere, Schere, widergang, Absprung, wedenej[136]) vnd das Betth. den Hirsch thuet finden. ||

5v (4.) Gestalldt vnd Form eins Hirschen fuess.

Eines Hirschen fueß jst gemeniglich vorn fein rundt, breidt vnd stumpff vnd jst jnwendig fein hole alls wer er gewelbet. die fordern spitzen an der schalen, die geen einwartts gegen einander, fast wie ein krebsschere. vnd wann ein Hirsch geet, so setzt er seinen fueß hinden vnd forn gleich nider. Das jst, er dritt hinden vnd vorn gleich nider. Seine balln seindt groß vnd breit vnd jm erdtrich siehet sein fueßstapff weit zwischen den ballen auswarts hinden am fueß. Das machts: er nimbt vil erdtrich darzwischen. seine schalen seindt lang. sein Rickh seindt stumpff, dick vnd steen auswarts. seinen fueß setzt er wie ein hoffertiger kerel, der die zehen auswartts vnd die ferschen einwartts setzt. Zeucht allemal vorn an sich vnd scheubet hinden hernach.

Ein Hirsch geet mitt dem fördern fueß den merertheil offen vnd sellten geschlossen. mit dem hindern fueß aber geet er der merertheils geschloßen vnd thut darmit alle zaichen, sonderlich mitt dem hindern rechten fueß. ||

6r Nota. Ein Hirschfuess ist geschaffen wie einer ein Hertz vor sich gelegt hette, das der spitz vorn vnd das breite hinden kombt. Doch behellt er die breitten von vorn an gemeniglich durchaus biß an die balln vnd biß sich dieselben enden.

Nota. Wann ein Hirsch das wenden macht, so gibe darauff achtung. er setzt seinen rechten fues vorn auff die rechte seytten auswartts vnd seinen lincken fueß auf die lincken seitte außwartts vnd allso einen fues vmb den andern, bricht auch das Erdtrich vorn mitt der rechten vnd lincken jnwendigen klauen allweg besser auswarts dann mit der rechten oder lincken auswendigen klawen.

Nota: Vnd wann er solche zaichen thut, so setzt er seinen Fueß hinden vnd forn gleich nider.

Macht von wegen seins wendens die eusserste klawe am rechten oder am lincken fueß schmal vnd tieff vnd den Balln groß einwarts. die jnwendige klawen aber macht er vorn mehr alls den ‖
halben Fuess breit ausswarts vnd den ballen einwartts schmahl. 6v

Nota. Wo das erdtrich vorn steen bleibt, so er auf geen lest vnd jst von beeden seitten alls von der rechten vnd lincken auswarts gebogen, jsts gar ein gewiss zaichen. jst es aber gar gebrochen, das man nichts darzwischen siehet, das es nichts darzwischen, do es auffgangen, hatt steen lassen, jst auch gar ein guth zaichen vnd heysset die Fullenspuer. ‖

(5.) Gestalldt vnd Form eins Willdtfuess. 7r

Eines willdes fues jst vorn schmahl vnd spitzig, jst nicht so hol alls eines Hirschen fuess jnwendig. Die fördern spitzen an der schalen, die geen gerath aus. vnd wann ein willdt geet, so geet es mitt ragendem fuess, setzt nit seinen fueß hinden vnd vorn zu gleich nider. seine Ballen seindt klein vnd schmahl vnd im erdtrich siehet sein fueßstapff schmal vnd eng zwischen den Ballen auswartts hinden am fueß. das macht, es nimbt wenig erdtrichs darzwischen. seine schalen seindt kurtz. sein Rickh seind scharpff vnd dünne vnd steen einwarts. seinen fuess setzt es wie ein weib, das mitt den ferschen auswartts vnd mitt den zeen einwartts geet.

Eins willdts Rick steen nitt so weit dahinden alls eins hirschen, vnd steen auch neher beyeinander alls eins Hirschen.

Ein willdt grimmet nitt. Es schurfft[137]) mitt seinem fueß wie ein zige jmer auff der erden hin vnd fast keinen gewisen starckenn tritt. ‖

7v Ein willdt wann es geet auff der hertten oder sonsten, wo mann es spuren kann, so reibt es den fues allemahl schlim einwartts, das die zeen einwarts vnd die ferschen auswartts steen. Das thut kein Hirsch nim*m*er mehr. Vnd wann es allso reybet, so macht es hinden einen Ballen kleiner alls den andern. vnd sonderlich wirdt der rechte Balln am kleinsten. Do giebe sonderliche achtung darauff.

Nota. Eines willdes fuess ist geschaffen jnn der form wie ein Ey, das der spitz vorn vnd das breite hinden kombt. ‖

8r (6.) Tiepffell.

Wann ein Hirsch auff der hertten geet, das es auch so hartt ist, das man kein fuesstapffen von jme erkennen kann, so macht er

vorn mitt den spitzlein an seinem fueß, die da einer krebsscheren verglichen werden, zwey tiepffle, kaum so groß alls ein erbes. eins, das mann nur die spallde seines fueß darzwischen erkennen kann, zu zeitten auch wohl gar nitt. vnd dies ist die kron aller spor auff der hertte, wann man sonsten kein fueßstapffen erkenne*n* kann. vnd jst keinem willdt zu thun müglichen.

(7.) Schuch.

Wann ein hirsch auff zimblicher hertte mitt geschlossnem gezwungenem fueß geet, so nimbt er das erdricht so groß alls jme der fueß jst vnd bricht es aus der fertte, das du nichts mehr alls ein gruben, so groß alls der hirschfueß an jme selber ist, siehest. zu zeitten findstu das erdtrich balldt bey der fertte, zu zeitten

auch weitt daruon. dises zaichen vermag kein willdt zu thun vnd wirdt von etzlichen Jägern das Jnsigel geheyssen. vnd ein hirsch thut es jn keinem Erdtrich || sichtiger vnd besser alls jm leymigen, 8v
tänigem vnd lattigem[138]) erdtrich vnd jm schnee, wann er sich ballet.

(8.) Nassle.

Wann ein hirsch auff zimblicher hertte geet, so zwinget [er] do den fueß zusamen, das jme recht jn der mitten ein feines rundes huebein[139]) wirdt vnd oben auff demselbigen ein kleine subtile scherpff wie ein grobe Messerschneide. dies jst ein sehr gut zaichen.

(9.) Schritt.

Ein jagbar hirsch schrittet zum allerwenigsten dritthalben schuch. wann du das Maß siehest, wann du gleich die fertte jn einem Gemöeß[140]) oder zurorendem[141]) sande nitt erkenen kanst, so sprich die hirsch nur keck an. es treugt dich nitt. schreitet er aber weitter, so jst es ein gewiss zaichen, das der hirsch sehr groß jst.

Ein willdt schreitet sellden vber zwen schuch. ||

9r (10.) Schranckh.

Ein Hirsch, er gee mitt offnem oder geschlossnem fueß, so geet er allemahl wie ein voller Baur, setzt jmmer einen fues vber den andern gleich alls weren jr zween. vnd wann er allso schrenckt,

so setzt er allemahl den rechten fueß an stadt dess lincken vnd den lincken an stadt dess rechten vnd allemahl die zeen außwartts

vnd die ferschen einwartts wie ein hofferdiger kerel. das jst der vornembsten vnd besten stuckh ein.

(11.) Gewennde.

Wann ein Hirsch auff wisen, jm gras oder im korn, habern oder anderm getreydich schencket, so streicht er mitt dem fueß, do er mitt schrenckt, das graß oder getreydtich nider vnd tritt allso mitt dem fueß darauff, das abermal das gras oder getraydt, so er mitt dem rechten fueß streicht, auff die rechte handt vber der fertth henget, beuget vnd darjnnen leyt; was aber vom lincken fueß gestrichen wirdt, das henget, beuget vnd ligt auff der lincken handt vber der fertte.

(12.) Blennden.

Wann ein Hirsch jm geen den hindern rechten vnd lincken fueß setzt, allso das du nitt mehr alls einen fues erkennen kanst,

Blendē

füllen fuß

das jst das rechte blenden || vnd jst ein sehr guth zaichen vnd ver- 9v
mags kein willdt zu thun. Do es auch ein hirsch rechtschaffen thut, so siehet diese spuer nit anders dann wie ein fullen fuess. etzliche jager nennens auch die Pferdtspuer.

(13.) Nachtritt.

Wann ein Hirsch mitt dem hindern fuess gerath hinder den fördern fueß tritt, so tritt er ab. jst auch ein fein zaichen. ein willdt thut es zu zeitten auch, aber nitt so gerath, sondern allemahl schlim.

Nachtrit

(14.) Ereylen.

Wann ein hirsch vom vellde gein holltz eylet, so setzt er den hindern fueß vor den fördern. Er setzt jne auch wohl, das er den

Ganz eilen

Halb eilen oder Die Vier Ballen

fördern fueß mitt den Ballen des hindern fueß erreicht. Doch geet der hinder fueß vor den fördern. jst auch der vornembsten zaichen eins.

(15.) Creutzspur.

Wann ein hirsch den hindern fueß halb jn den fordern fuess

(halb) setzt, allso das mann anderthalben fueß siehet, das heyst die Creutzspur vnd jst sehr guth.

(16). Beytritt.

Wann ein hirsch mitt dem hindern vnd fordern fuess gleich

neben einander tritt, allso das mann einen jedern fueß bescheydenlich vnvertretten erkennen kan, das heist der beytrit. ||

10r (17.) Schere.

Wann ein hirsch mitt fördern zweyen fuessen zusamen neben einander tritt vnd den hindern rechten fueß mitten hinden an die-

selben beede fördern fueß setzt, auch dieselbige mitt der spitz dess hindern fueß die ballen der breyten[142]) fördern fueße ein wenig berürt, das heysset die schere vnd jst ein vortrefflich gut zaichen. mann siehet es aber sellten.

|(18.) Grim*m*en. (19) 139 v^{2-6}

Ein Hirsch, er gee, stee oder fliehe, so lest er nim*m*er nicht. er zeucht mitt dem fueß das erdtrich vorn an sich. vnd hinden mitt den ballen scheubt ers vorwartts von sich. | das jst ein anfang vnd vrsach aller zeichen, die ein hirsch thun kann. vnd man siehet es auch bey allen zaichen, die ein hirsch thut vnd wirdt von den Jägern das Burgstadel vnd anziehen genantt.

|(19.) Widergang vnd Absprung. (3) 136 v^{14} bis 137 r^{1}

Ein Hirsch, wann er will von vellde gein Holtz geen, so trabt
er. zu zeitten fleucht er auch wohl gar gerate gegen dem wallde
zu, do er bleiben will. vnd wann er für das holltz kombt, so
wendet er sich vnd geet wider zuruckh, do er herkommen jst.
allsdann thut er eynen absprung wie ein haß vnd geet an dem
vorhollz hin und herwider vnd zu letzt hinein vnd bleibt darjnnen
biß jne die Sonne || vom taw wohl ertrucknet. allsdann geet er 10v
wo er eine dicke weyß, do thut er sich nider oder bestettigt sich
daselbst vnd bleibt do; dits zaichen heyssen auch die Jäger dess
hirschen wandlunge. |

|(20). Hirschlossung. (24) 140 r^{23} bis 140 v^{1}

Eines hirsch losung ist groß vnd viereckigt vnd hat zapffen vorn alls ein eychel vnd hanget an einander recht alls ein Pater noster vnd jst jn der hirschen feiste schleumig, dicker dann ein Spinwebe. auch jst es bisweyen alls ein heller. seine farb ist schwarzbraun, auch wohl zu zeitten gelbraun. eines willdts lößung jst dick vnd klein vnd Golldtgelb, jn aller form wie ein Geyß, doch das grösser jst. |

|(21.) Nebengang. (25) 140 v^{2-9}

Ein hirsch, wann derselbige bey dem willdtbreth geet, so geet das willdtbreth allemahl jn einem hauffen jn einem pfadt. ein hirsch aber geet auff der seytten neben her. wann auch ein hauffen hirsch gein holtz geen, so geen sie alle neben einander vnd keiner nach dem andern. herwiderumb geet das willdtbreth alles jn eyne*m* Pfadt hinder einander. |

(5) 137 r^{21} bis 137 v^{8} |(22.) Geschlecht[143]).

Ein Hirsch, wann er vorreckt[144]) hatt vnd verhert[145]), so wird
jme die rauche haut am Gehuern reyff. Das er nun dieselbige
vom Gehürn feget vnd dasselbige reyn macht, schlecht er das
11r Gehürn jn ‖ die Streucher vnd schlegt jn die Streucher so lang
bis das das Gehürn gar rein wirdt, das auch die streu[ch]er gar
gescheldt vnd entzwey geschlagen werden vnd dits heyset man
Geschlecht. |

(5) 137 r^{16-21} |(23.) Widerlass oder Himelspuer.

Wann ein Hirsch mitt seinem Gehürn durch einen dicken strauch kreucht, so rüret er mitt dem Gehürn oben an die bletter. dieselben keren sich vmb, das das ebicht[146]) herauser kombt. wann du das siehest, so zweyffel nicht, es hats gewiss ein hirsch gethon, dann es vermage kein willdt mitt den oren zu thun. |

(5) 137 v^{3-6} |(24.) Roren.

Wann ein Hirsch zu einem ameßhauffen oder maultwurffhauffen kombt, so lest ers nitt, er scharret mitt dem Gehürn dieselbige von einander. |

(25.) Hirschbetth.

Wann du zu Betth komest vnd du weyst nitt ob ein hirsch oder ein willdt darjnnen gelegen jst, so füle mitten jns Betth. jst es naaß, so hat es gewis ein hirsch gethan, dann ein Hirsch hat die Natur an sich, das er allemahl jns Betth pruntzet[147]). vnd do er nitt blötzlichen vom Betthe weg gejagt wirdt, so lest ers nitt, er tritt mitten jns betth. Das thut kein wildt. ‖

(27) 140 v^{32-33}
11v |(26.) Stall.

Alle Thier, die da hoden haben, die stallen alle aus der farth. was aber ein futh hat, das seicht in die farth. |

|(27.) Abtritt. (7) 137 v^{14-20}

Wann ein hirsch jm Getreytich, auff wisen, raßwegen oder leyden[148]) geet, so trit er das graß oder getreydich entzwey oder ab alls wer es mitt einem scharpffen scheermesser zerschnitten. das willdt thuts auch, aber dasselbige gras siehet wie es wer abgerupfft. |

|(28.) Mittelbürgel. (33)

Wann ein Hirsch auff der hertte geet, so scheubt er hinden mitt den Ballen hinfür vnd zeucht vorn herwider. wirdt in der mitten ein hüblein. | das kombt von dem zwingen, das zwischen den spallten nichts auff kann kommen vnd jst gar ein gut zaichen vnd gewiss, dann die hirsch thun es offt.

(29.) Bürgel[149]).

Wann der hirsch geet oder fleugt, so macht er vnder jeder schallen von dem Grimmen, wan er an sich zeucht, ein kleines hueblein zwischen den Ballen vnd forne den zehen, welchs auff den seytten gesehen wirdt. jst auch ein guts zaichen, thuts gar offt.||

|(30.) Purtzel. (14) 138 v^{18-22} 12r

Wann ein Hirsch auff der Hertte geet, so geet jm forn aus der spallten ein kleines hueblein als ein haselnuß, bißweilen alls ein erbeis, wirdt aber sellten gesehen.|

(31.) Fedemle.

Wann ein Hirsch in eynem leymigen, leytigen, taynigen erdtrich, da es naß vnd zehe ist, geet, so macht er mitt geschlossenem fueß ein fe[de]mlein, welchs rundt herumb jnwendig jm fues an beeden wenden gesehen wirdt.

(32.) Tawschlagen.

Ein Hirsch wan er frü̈e jm Thaw geet, es sey jn wisen oder jm korn oder sonst an andern örtern, do man den Thaw sehen kann, so geet er jm schranckh nit anders alls weren jr zween, vnd wo die fueßstapffen gesehen werden, do ist es grüner alls do der thaw nit geschlagen jst. vnd zwischen den Beynen bleibt der Thaw einem hirschen gantz vnd vngeschlagen. vnd dasselbige vermag kein willdt nimmer mehr zu thun, dan es schlecht den thaw gar vnd gantz hinweg, das nichts zwischen den Beynen daruon vngeschlagen bleibt. vnd dits jst ein vortrefflich gut zaichen. ||

(17a) 13r |(33.) Wiltu erkennen ob ein wildt einen Hirsch trage oder ein wildt.

Wann ein willdt einen Hirschen tregt, so geet es zu einem Faulen Baum vnd frisset gar geitzig daruon. vrsach: der junghirsch jn mutterleybe, so das willdt tregt, zwingt es darzu. dann kein wildt jst Faulholltz oder von einem Faulen Baum, es trag dann ein Hirschen. darbey solltu erkennen, das das willdt ein hirschen tregt. |

(15a) |(34) Ein anders.

Willtu wissen, ob ein willdt einen hirschen trag oder ein willdt, so merck eben auff den fueßtritt. tritt sie tieffer ein mitt den füessen auff der rechten seitten dann mitt den füessen auff der lincken seytten, so tregt sie einen hirschen. tritt sie aber tieffer mit der lincken seitten, so jsts ein willdtkalb. |

Jn sum*m*a: ein willdt fliehe oder gee gemach, wann es mitt den rechten zweyen füessen tieffer jns erdtrich tritt oder setzt alls mit den lincken, so tregt es einen jungen hirschen.

(35.) Ein ander erkent*n*us wans todt ligt.

So gib darauff achtung: hat das willdt, wann es todt ist, die zungen auff der rechten seytten heraussen, so tregt es einen jungen
13v hirschenn. || Hat es aber die zungen vff der lincken seiten heraussen, so tregt es ein jung willdt.

| (36.) Willtu erkennen ob ein willdt einen Hirschen oder ein wildt trage. (47)

Setzt ein Stück willdts, so trechtig jst, jm schreiten den lincken fues für, so tregt es ein stück willdts. setzt es aber jm schreyten den rechten fues für, so tregt es einen hirschen. |

| (37.) Zu erkennen ob ein Hirsch nur ein stangen trage. (Zu 28)

So jage jm Mertzen Hirschen auff. vnd wo sie durch die staudten fliehen, so machen sie das Laub mitt den Platten[150]) schweyssig. Auff welcher seitten du nun den Schweyß findest, vff derselben tregt er keine stangen. wo du aber siehest im fliehen, das der Hirsch das laub nitt gewendet hatt, so tregt er gar kein stangen. |

(38.) Willtu erken*n*en den Hirschen, do kein willdtbreth zuuorn jst. (23) 140r17–21

So nimb zwen Hirschfüeße, ein vördern vnd ein hindern, vnd nimb zween von eynem willdt auch allso. vnd nimb geretene[151]) aschen vnd weychen linden leymen. drucke die zeich*en* ‖ der füsse 14r
darein vnd sitze vber das Brüchlein[152]) vnd thus wie oben geschrieben steet. |

(39.) Was ein Hirsch gern jsset.

Ein Hirsch frisset allerley getreydich alls korn, weytzen, Gersten, Habern, Haydenkorn[153]), wicken, Gemanckorn[154]), Erbes, Rüben, Kraut, moren vnd in sum*ma* allerley Getreydich. | Er frist (44)
auch gern Spilbaumenholltz oder Schießberholtz. | er frist auch gern eychelln, Bucheckern.

Deine such soltu haben jn fehsen, das jst Gemangkorn.

| (40.) Wo ein Hirsch jn der Feyste zu suchen. (1) 136r1 bis 136v1

Du sollt jn suchen jn vorhöltzern vor den grossen wällden, jn den kleinen velldtbusch darzu ringst vmbher fellder ligen. du sollst jn suchen jn den Prachen.

Jnn den wällden aber such jne auff den jung*en* Hawen oder schlegen, auff wissgründen, auf meylerstetten, auff wegen, steigen. daselbst vmb haben sie jre wandtlung vnd seint aldo gerne. |

(2) 136v4–6 14v |Jn der Prunfft aber suche jne wo du wildtbreth weist. || Jnn suma: kein grosser Hirsch bleibt in der Hirschfeysten gern wo wildtbreth jst. aber jn der Prunfft geet er darzu. |

Nota.

Ein willdt thut vil zaichen wie ein hirsch, aber es vermag keins so volkomenlich zu thun alls ein hirsch. darumb kann sich einer, der ein Jäger sein will, leichtlich darein richten.

Ein willdt hat ein schmalen vnd nit langen fuess, hat kleine ballen vnd jst enge zwischen den ballen. Es schreitett nit so weyt alls ein hirsch. es hat dünne Rick, die setzt es einwartts vnd ein hirsch setzt die Rick auswartts.

In sum*m*a: wann ein willdt es gleich dem hirschen will nachthun, so kombts es doch sauer an vnd vermag es doch nit lang zu thun. darumb darff sich kein jäger darfür entsetzen. er sehe nur vleissig darauff. vleissige sich guter hund. Es verrette sich selber. ||

16r (41.) Merck.

Wann du in einer gegent fursuchenn wilt auf diese nachfolgende zeichenn:

Jm Sande: Schranck, Schrit, Grimmen, Wenden, Antzihen.

Im Grase oder auf Wiesen: Schranck, Zwingen, Grimmen, Fullenspor.

Auf Leiden: Grimmen, Fullenspor, Gewend, halbe vnd gantze Birgel.

In Weichen Eckern: Schranck, Rick, weite schrit, Grimmen, Zwingen.

Im truckenen felde vnd auf der Hertte: Blenden, Zwingen, Grimmen, die halbe vnd gantze Birgel, Vier ballen, das wenden, das brechen, des gantzen oder halben schuchs.

Auf dem Moß: Zwingen, Schranck vnd das Gewend.

Im Wasser: Der Schranenck.

AUS DEM JÄGERBUCH DES ALBRECHT RETZ

V

Hohenlohesches Zentral-Archiv Neuenstein, Hoh. B. 8/15.

Volgt eine gewisse vnd gutte hersch spurr. 7v

Erstlich merckh: der hersch macht ein fach jhn der mitten, vnd jst sehr khlein, würdt von den waydtleütten das fädelein genandt. wan du das siheest, so sprich jhn für ein hersch an, dan solches khein wildt thutt. vornen zeügt er an sich, vnd scheübt hinden mit dem ballen von sich. das jst ein gewisse spurr, welches khein wildt thutt.

Die gantze spurr: wan der hersch hinein greifft jhn die erden, vnd raisset herauß gantz vnd garr, das khan khein wildt nit.

Die landt spurr: wan ein hersch waith raicht; dan das wildt schreitt gar eng vnd kurtz.

Die creütz spurr: wan ein hersch die füeß kreützwaiß vber ein ander setzt, jst es ein gewisse spurr vnd kanß khein wildt. ||

Wan ein wildt vber den weg geth, so dritt es den fleckhen nit 8r
zue.

Wan ein hersch vber ein wissen geth, so löst ers nit, er dritt weglingen[153]).

Die blendt spurr: wan er mit dem hindern fueß jhn den fördern dritt vnd nichs an den förder-fueß vorgeth, so jsts ein gewisse spurr, den ein wild solhes nit thutt.

Der bey dritt: wo ein hinder fueß gleich neben dem fördern steth vnd nit vor den fördern geth. diesse spur jst gewiß.

Die schrenckh spurr: biß waillen geth ein hersch alls wan seiner zwen wern. das khein wildt thutt.

Ein gewisse spurr jsts auch, wan man acht hatt vf den abbiß; dan so ein hersch vf der erden abbeist, so ropfft ers ab wie eine kuhe vnd läst all wegen jhn der mitten stehen. ||

Ein wildt beisset es eben ab wie ein gayß. 8v

Der jung dritt: wan ein hersch gehn waldt geth vnd dritt, so macht er sich schmal vnd spitzig alls ob er vf zehen ging vnd spürt sich nit grösser dan ein kalb. aber ein wildt thutt es nicht.

Die nessel spurr: er macht all weg fornen zwüschen den klaen ein nesslein vnd kahn es khein wildt.

Item es jst ein spurr von der lossung, welche er thutt wie ein schaff. vnd hengt an ein ander wie patternoster jhn einem schnürlin wie ein darm. die spurr jst jhm so*m*mer. auch jst ein andere spurr vnd lossung wie ein gayß oder lohrber.

Ein hersch wo er jhm beth sitzt, harnet er vnder sich der knoden[156]). das wildt harnet auß dem beth. ||

9r Wan ein hersch sich ab geth vf einem schlag, so geth er all weg hinein wo ein weg jst oder der leütterr[157]) nach vnd geth all weg ein gang hin vnd den andern her wider.

Die schwendt oder wendt spurr: so ein hersch gehn holtz geth oder laufft, so wendt er das laub vmb vnd das litz[158]) herauß, das khein wildt thutt oder thun khan.

Wo ein hersch gehn holtz will gehn, so geth er nit schlecht zue. er geth hin vnd wider daruon vnd erst zum ander mall thut er sich gehn holtz. das thutt khein wildt.

Die fröliche spurr. wan ein hersch sich frölich vnd hüpsch spürtt.

Wan ein hersch harnet, so harnet er auß der farth. das thutt ein wildt nit.

Ihn dem schne streicht ein hersch allweg den schne neben der farth. das khan kein wildt nicht thun. ||

9v Ein hersch wan er geth, so setzt er die vierr füeß all zue samen, vnd da du das sihest, so zweyffel nicht, es jst ein hersch.

Ein hersch, so er fleücht, laufft er gehrn der liechte oder leütterung das holtz nach.

So ein hersch fleücht, drückht er hinden mit den affter klaen all zaitt besaitzs[159]) auß.

Wan ein hersch fleücht, so löst er sich hinden nider wie ein sau.

Ein hersch, so er fleücht, macht er hinden mit dem ballen zwen schratt[160]), welches khein wildt thutt.

Wie man hersch vnd wildt suchen vnd finden soll.

Such den hersch, wan sein gehörn noch waych, jhn jungen schnaidten[161]) oder hayen[162]), die so kurtz sein, das er das jungen gehörrn darinen verschonen khan. daselbst finden sich die hersch. sie halten sich auch zue der zaitt vnd jhn der grueß[163]) bey den höhen, da es lautter jst. ‖

Vom wildt vnd seiner aygenschafft. 10r

Das wildt, so es jhn der waydt jst, geht es schlecht nach ein ander auß dem beth dahin vnd jesset[164]) nach ein ander. das thutt der hersch nit.

Ein wildt das hatt ein spitzigen fueß. das hatt khein hersch.

Wan ein wildt gehn holtz geth, so geth es nach der dickhin wie ein schwain vnd geht schlecht zue dem beth.

So ein wildt geht, laittet es ein klaen für die andern. das thutt der hersch nit.

Ein hersch, so er jhn der brunst jst, so geth er vnd schreytt, welches ein gewisse spurr jst.

Wan ein hersch zue einem heüffle dritt, so dritt er gar darein, welches ein wildt gar selten thutt.

Die gurgel spurr[165]). ‖

So zeügt ein hersch fornen ahn sich, scheüb mit dem ballen 10v
hinden nach. aber ein wildt, wan es fleücht, so setzt es schlecht für einander.

Wan zehen stückh wildt bey ein ander seindt vnd ein hersch darunder jst, so geth er zum hindersten.

Vnd wan sie vber ein zaun springen, so springt der hersch neben vber.

Wan vierr hersch bey einander sein, so gehn sie neben ein ander. das thutt khein wildt.

So ein hersch gehn feldt geht, ein krautt haist roden oder resseln[166]), so du das ab bissen findest, so hat es ein hersch gethan.

Ein hersch straifft das laub, aber ein wildt baist es ab.

Das wildt jsset gehrn hässelin[167]) laub, aber der hersch nit. ||

11r Wiltu wissen, was das wildt tregt, ob es ein wildt kalb oder hersch kalb trage, so hab acht vff den hindern klawen vnd schallen. jsts ein hersch kalb so dregs vf der rechten saitten am schwersten.

Ein wildt, wen es brosset[168]) an den heunß[169]) baumen, so tregt es ein hersch. so es nimbt an die hassel stauden, so jst es ein wildt.

Wan ein wildt ein hersch dregt, so dritt es mit dem rechten fueß für, dregs aber ein wildt, so dritts mit dem lincken fueß für.

Wan einer ein wildt jhm früeling vf jagt mit einem laidthundt, so habe acht. dritt es dieffer mit dem rechten fueß jhn die erdt, so dregts ein hersch, dritt es aber mit dem linckhen fueß dieffer jhn die erden, so dregts ein wildt. das seindt zwey gutte zaychen. ||

11v Wan ein wildt flüchtig würdt, so sehen seine schallen nit gleich ein ander. sein vberrückh sicht einwertzs vnd jst eng zwüschen dem ballen vnd dem vberrückh vnd fornnen waitt vnd vngleich.

Wan ein hersch fleücht, so macht er mit seinen stückhen ein creütz vnd setzt die schallen jhn die erden vnd sehen die spitzen auß warths. vnd sein varth jst hinden vnd fornnen jhn einer braitte vnd dieffe. sein rückh sehen auff die vorigen spitzen der schallen.

Wan der hersch jhm moß geth, so schreytt er waitter dan ein wildt. es ferth nach jhm zue vnd zeücht das koth mit auß der förth.

Wan der hersch jhm koth geht, so thutt er die schallen auff vnd dritt mit dem hindern fueß jhn fördern, aber nicht gar herführ. es felth vmb ein halben zwerg[170]) finger. er setzt den hindern jhn den fördern vnd macht jhn khleiner den den fördern. vnd jst ein gutt zaychen. ||

Wan der hersch auf einem hartten weg geth, so dritt er mit [der] eüssern schallen dieffer an die erden den mit der jhnner. zeücht vornen kleine grüblein an sich. 12r

Der hersch hatt ein hollen fueß, hüpsch gewelbt, fein zusamen geschlossen, lange schallen, grosse ballen alls wan einer zway eyer darein gedruckht hatt. wan das wild ihm graß geth, so steth das graß wider nach jhm auff. vnd hatt ein spitzigen fueß vnd seindt die schallen schmall vnd vngleich. dritt jhn die erdt alls wan einer zwey finger darein gestopfft hette. vnd seindt die ballen khlein vnd jst eng jhm vberrückh.

Auch soltu achtung haben, wen der hinder fueß bey dem fördern fueß stehet, das die hindersten einwarthe schallen auff der fördersten außwarthe schallen steth, das es vornnen kreütz gibt. so du das sihest vnd die baide zaychen geradt stehn wie jch geschriben hab, so sprich jhn an vor ein hersch. das jst ein gewiß zaychen vnd haist der creütz dritt. ‖

Der hersch löst zwischen dem fueß nichs auß. vnd seindt die schallen rund vnd stumpff. 12v

Das hersch lossung jst eckhet, hatt zepfflin wie aychel, hengt an ein ander wie patternoster. jst faister, dickher dan das wildts.

Item von einem kleinen hersch ein wenig, auch jungen hersch, zue schreiben will jch dir ein kleinen vnderricht thun. allsbaldt er würdt, das er mit der mutter die waydt nimbt vnd zue feldt [zieht], so thutt er mit dem fueß alle die zaychen, die sein vatter gethan hatt. darahn soltu gantz kheinen zweyffel haben. vnd ob du es nit glaubest, so erfahet vnd erarbaith alls jch mehr dan ein mal gethan hab vnd richt das netz oder garn vor das wildt vnd fang den sohn vnd [die] mutter, so würstu gewahr, das jch dir recht gesagt habe. ‖

Des gleichen fahe ein wildt, das seine dochter bey jhr hatt, so findestu es auch, aber es dörff gar woll darauff zue sehen, dan es hatt nicht so braitt füesse noch so hardt alls der vatter. 13r

Item noch eins dauon zue schreiben. wo ein jäger wer, der
zue zeitten ein ruhen erjagen wolt vnd seinem herrn vnd jhnen,
der neme das zaychen war. alls baldt er [sehen] würdt, das er
zinckhlich[171]) vf dem haupt hatt vnd daher mit der mutter jhn
das feldt geth vnd grast, so jsset er fast gehrn ab einer stauden
oder an zwaygen, die das [wildt] nicht jsset, es trag den ein hersch,
so jsset es fast gehrn; dregt es aber ein wildt, so jsset es aber nit.
da soltu vf lugen. wan das jung den brost nimpt, so jst es an
zweyffel ein hersch. auch so lueg: wan [er] zue einem ommeissen
hauffen kompt oder sonst zue einem scherr [hauffen], den zerreist
er mit einem fueß. er wetzlet[172]) auch dickh seine zungen an den
13v kleinen bäumlin, || waychen raysslin oder stauden. darauff soltu
gar eben lugen. desgleichen vf die rechte spurr wie sein vatter
hatt vnd gethan hatt. das kahn er nit empbern[173]). er mueß es
auch thun. darnach wisse dich zue richten.

Desgleichen so der jung hersch würdt so manlich vnd so stoltz,
das er (sich) [wolt] gehen von der mutter vnd dauon wolt thun,
so gesellet er sich zu seinesgleichen vnd treiben auch die schertze
mit ein ander. desgleichen zerrürtten sie die scherr hauffen mit
jhren füessen vnd gehörn. sie schlagen auch offt von gaill an die
stauden mit jhrem gehörn ehe die zaitt kompt. wens widerumb
zum wildt kompt, so jst fast jhre nattürliche wandlung, das sie
fast neben dem wildt gehn oder hinden nach. so sie sich alls bey
dem wildt wollen bestetten vnd bleiben, so thun sie sich allwegen
neben auß vnd nit damitten. vnd lug da auff, so du hersch vnd
14r wild mit einander auff || jagest vnd sie mit ein ander flüchtig
machest, so fliehen die khleinen herschlein gewohnlich hinden
nach biß sie von den hunden geschieden werden. vnd so du sie
von ein ander schaidest, so laß dir woll lugen biß du zue einer
dickhin kom*m*st so für ... (unleserlich) dich baldt die dickhin
hinauß, so fliehen sie gewohnlich hindan. vnd stockht sich das
wild vnd bleibt jhn der dickhen. jhn diessen dingen allen, wie
vorgeschriben steth, halt dich mainer lehr, den jch dir hiermit

den rechten grundt bewaissen will, dan das frölig auß der dickhin fleücht vnd sie nit bald zur dickhin wider wendt vnd die liechte fleücht, vnd die weg fast sucht, das beschaw bald, das hersch sein, vnd mach die sach kurtz vnd hetz recht frisch hundt darahn oder felth dir waitter zue der dickhin vnd suche das wildt. so nimpt es dar zue erst grosse arbeitt biß du jhn wider dauon bringest. ob dir aber die ding beschehen, das dir der hersch wieder vnder das wildt fleücht, || vnd das wild dan steth vnd das wild hirvon 14v
abgewanth würdt vnd deine hundt, die du vf gefangen, an den hersch gesetz hast waitter jhn der dickhin, da du das wildt gelassen hast mit dem lauffen vnd schweiget vnd vmbkrey . . . (?) vnd den hersch wider danen lauffen vnd schreyen alls der sie mit ruthen schlüge, da kerre dich nit an vnd greiff zue derselbe farth, da die hundt nicht jagen auff, das alles still ist, so du kanst, vnd beschawe die farth eben. haben deine recht, so bist frölich von halß vnd horn vnd jag oder hetz deine hundt fast an vnd dröst den laidthundt vnd laß dir aber woll von statt lugen, das es dir nicht widerumb zum wildt jhn die dickhin [gehe].

Ists aber nicht die rechte farth, so greiff widerumb hinder sich zu den dickhin vnd rede still mit deinem hundt vnd laß dich der arbaith nicht verdrissen vnd mach den vmbgreiff eng vnd greiff jhn mitten durch denselben vmbkreyß. ||

Vnd thue das so lang biß du den rechten hersch weitter er- 15r
regest, so bist den frölich von hallß vnd horn vnd schrey dickh, vnd den lauff mit gutten süessen waydtsprüchen wie vor steth vnd verbrich offt, das behiet dich dickh vor grosser mühe. vnd nach redt. Nun will jch von diesser lehr lassen vnd will dir die rechten zaychen geben.

Spurn vnd jagen.

|Das erst wie man ein hersch suchen soll jhn der fayst. (1) 136r[1] bis 136v[1]

Erstlich soll man jhn suchen zu den rechten sauwen[174]) welden oder auwen wo da gersten[175]) legen vnd anstossendt. da seindt fäst[176]), rockhen, dinckhel vnd habern. da jst jhr wohnung gehrn

jhn der rechten faisten. da selbst[177]) suchen vf den brachen vor den vorwälden oder höltzer. da jst auch jr woh[n]ung, du solt auch suchen auff den rechten wegen jhn den fron welden, da gehn sie auch gehrn. du solt auch suchen auff den hospen[178]) oder
15v hohen vnd wo es kolllotten[178]) jhn welden hatt. ‖ da seindt sie auch gern. du solt auch suchen auff den praitten[180]) vnd ihn den reütten[181]) da haben sie auch viel wandels. den such soltu thun jhn der faiste. |

(2) 136v$^{8-13}$ |Wie man jhn der prunfft den hersch suchen soll.

Zum ersten soltu suchen, wo du wildt weist auff den welden, da seindt sie bey den hinden gehrn. such auch ahn den vorhöltzern hin. du solt auch suchen, wo du waist da jhre gäng hin schreitten von einem wald zue dem andern.

Du solt auch wo waingartten ligen an wälden, da jst gehrn ihr wohnung. dan auch der orthen, da jst auch alles wild gehrn, hersch vnd hindin. vnd such auch wo du waist, das gehrn sein, dan jch dich nit mehr will lehrnen suchen, dan suchen lehrnet sich selber woll. |

(3) 136v^{14} bis 137r^{3} |Nun will jch waitter lehrnen, wo bey man die hersch kennen soll vor den hindin. ‖

16r Das erste zaychen jst, so er von einem afft[182]) gehet vnd sich gewendet hatt, so trabt er bald recht alls ob er für sich jhn den waldt woll, vnd thut dan ein widergang vnd ein absprung recht alls ein (ein) haß. getht dan dem vorhöltzern hin biß jhn die sonn von dem nacht thaw oder regen woll erdrückhnet. so geth er dan wo er ein dickhin findt jhn dem holtz. da besteht er sich vnd bleibt da. das haist der hersch wandlung. wan du das sihest, so soltu wissen, das das ein hersch jst.

Auch geth der hersch gehrne jhn den khleinen pfädlein. darbey soltu merckhen, das es ein hersch sey. |

(4) 137r$^{4-15}$ |Nun will jch dich lehrnen die zaychen von den hindin wie jhr wandel sey. so sie von dem geeß geth, so geth sie für sich jhn den waldt vnd sucht nun dickhin. dabei soltu merckhen, das es

ein hindin sey wan sie allso vmb sich schlupfft. das mag der hersch nit thun. ||

Dan er muß die waitte gehn des gehörnes halben. die hindin 16v
aber hatt ein spitzigen fueß, vnd wan sie gäth, so geth sie mit ragendem fueß. vnd hatt ein kurtzen schritt vnd jst hinden eng zwüschen den vbern clawen. das ober clälin steth für sich vnd jst dün vnd spitzig. bey diessen zaychen merckh, das es ein (ein) hindin sey. |

| Nun will jch dich lehrnen die zaychen, die ein hersch thutt. das (5) 137 r^{16} bis 137 v^{7}
erste wan ein hersch jhn das holtz geth, das er dan das laub vnd holtz rühret mit dem gehörrn. das zaychen haist das gewendt vnd widerletz. des gleichen zaychen soltu gar woll merckhen vnd noch lugen, dan es thuts khein wild mit den ohren. du solt lugen wo der hersch gefürnet[183]) hab sein gehörrn an den baumen vnd geschlagen, dan er schlecht dieckh, so er doch gefürmet hatt. das jst auch garr ein gutt zaychen, haist geschlag*en* oder geföget. ||

Du solt wissen wan der hersch zue einem scherrhauffen kompt 17r
oder zue einem omayssen hauffen, das er den selben mit dem gehörrn oder füessen gehrn zerraist. dabey merckh, das es ein hersch sey. das zaychen haist rührren. |

| Auch soltu wissen, das ein hersch vester jhn die erden dritt (6) 137 v$^{8-13}$
dan ein wildt. dan ein groß roß dritt auch vester dan ein kleines. darahn du auch lugen vnd beyschafft nemen [solt], dan es jst auß der massen gutth.

Du solt auch lugen, dan ein hersch schreytt viell waitter dan ein wildt. diesse zwey ding, die jch genendt habe, wo du die sihest bey ein ander, das jst ein gutt zaychen vnd beyschafft, das es ein hersch sey. |

| Nun soltu lugen, wie das graß abdretten sey, so du ein erspür- (7) 137 v$^{14-20}$
rest. der hersch, der dritt das graß ab recht alls ob es mit einem scharschach abgeschnitten sey. ||

Dritt hinden mit dem ballen vnd allendthalben mit dem fueß. 17v
das mag ein wildt nicht thun. sie dritt das graß auch. das jst

aber nicht alls jch vor gesagt hab, dan sie zue moderts[184]) nun. das zaychen haist der abdritt. |

(8) $138r^{1-6}$ | Du solt gar fleissig sehen, wo du den hindern fueß bey dem [fördern] sihest, das sie gleich neben einander stehn vnd kheiner vor den andern geth. das jst ein gewiß zaychen, dan es mags khein wildt thun. das zaychen haist der beytritt. das jst dauon, das der hinder fueß bey dem fördern eben gleich steht. wan du das zaychen sihest, so magstu jhn woll ahnsprechen vor ein hersch sicherlich. | ||

(9) $138r^{7-16}$ 18r |Ich will dich lehrnnen gar ein gewiß zaychen. du solt eben gar fleissig warnemen, wo du die farth spürrest. der hersch dritt mit dem hindern fueß gleich jhn den fördern, das die jhn ein ander eben gleich standen alls es ein fueß sey. etwan dritt er mit dem hindern für den fördern. das jst auß der massen ein gutt zeychen, haist blenden oder vber eyllen, vnd jst es dauon wan er den fördern fueß mit dem hindern blendet. wan er aber mit dem hindern fueß für den fördern dritt, da haist es vber eyllen. das jst ein gutt gewiß zaychen vnd solt nicht zweiffel haben, so du es sihest, so jst es ein hersch. |

(10 u. 11) $138r^{17}$bis$138v^{2}$ |Ein wildt dritt auch mit dem hindern fueß jhn den fördern, aber nicht so völlich alls ein hersch noch allso hüpsch, dan der hersch geth all weg mit beschlossenem fueß vnd mit bezwungenem fueß, das er nichs zwüschen dem spalth auß laß. das zaychen haist zwingen. ||

18v Darumb das er seinen fueß bezwingt, das jhm nichs dar zwischen mag auß gehn. das mag khein wildt thun, das sie jhren fueß mag allso fest beschlissen vnd zwingen, dan jhr geth allwegen dar zwischen auß auß dem spaltt. |

(12) $138v^{3-10}$ |Nun laß dir waitter von gutten zaychen sagen von des hersch fueß, was er für gutte zaychen darmit thut. nun geth jhm zwüschen dem spalt mitten jhn dem fueß ein khlein auß vnd geth es gleich mitten durch den fueß herr, recht alls ein fädelein. das zaychen haist fädemlein. das mag khein wild thun, dan des wildts

faden jst groß vnd vngeschaffen. die gutten jäger haben gutten
glauben an das zaychen, wo sie es sehen. |

| Hie merckh von dem fueß zwingen. wan der hersch den fueß (13) 138 v^{11-17}
allso hardt zwingt vnd beschlossen hatt, so geth jhm fornnen auß
dem spalth ‖ ein klein ding von erden, das jst dün alls ein laub 19 r
vnd jst geschaffen recht alls ein naß. das zaychen nennen die jäger
das nasslein vnd jst gewiß vnd gutt. das zaychen macht auch ein
hersch sicherlich wo du das zaychen sihest. |

|Es geth auch mitten jhn dem fadelein auß alls ein hasselnuß (14) 138 v^{18-22}
jhn der größ vnd vnderwaillen alls ein erbis. das zaychen haist
das burtzen. jst gewiß vnd gutth, doch siht mans nicht gar dickh. |
| auch merckh wie der hersch fueß geschaffen jst. der [jst] vorn (15) 138 v^{22} bis 139 r^{4}
stumpff vnd jst die gestalt gleich gewest alls ein recht geschaffner
scharschach. vnd jst der fueß einem scharschach gleich formirt.
so jst einer hindin fueß spitzig vnd vngeschaffen. bey diessen
dingen soltu merckhen, das es auch ein hersch thutt, dan khein
hersch hatt ein fueß alls ein wildt. so jst der fueß des hersch lang
vnd breydt, so jst das wildts kurtz vnd schmal. | ‖

|Vom rickh vnd eber klawen. der hersch hatt hinden groß (16) 139 r^{5-18} 19 v
ballen vnd jst von den ballen biß eber klawen weidt vnd lang.
das eber klaw steth waitt von ein ander vnd sicht auß warths.
vnd wo er den herdt oder erdt dritt, so jst es recht alls ob man
zwen daumen hab dar gedruckht. vnd jst das eber klaw stutz.
auch seindt von dem hersch die ballen hinden waydt. das jst der
aller besten zaychen eins, so vf allen spurren mag sein. wo du
dieß zaychen sihest, so sprich den hersch sicherlich an. |

|Von des wildts rückh vnd eber klawen vnd jhrem ballen. das (17) 139 r^{18-19}
wildts ballen, die seindt khlein vnd jst kurtz von dem ballen biß
an das eber klaw vnd jst auch eng zwischen der eber klaw. das
wildts sicht einwendig vnd jst dün vnd spitzig vnd klain. darbey
soltu merckhen, das es ein wildt sey. | ‖

|Mehr ein hersch zaychen. (18) 139 r^{20} bis 139 v^{1} 20r

Wo der hersch hin geth, da jst sein farth gleich alls ob ihr zwen sein vnd jst doch nur einer, dan er schrenckht mit den füessen vnd mit dem schritt vber ein ander. so geth das wildt nur gleich für sich vnd setzt jhr füeß für ein ander. des gleichen thutt der hersch nicht, dan er geht allwegen geschrenckht. nimb war vnd merckh eben, wan jch dir von einem grossen zaychen vnd gewissen sagen will. |

(22) 140 r^{11-16} |Wiltu ein gutter jäger nun werden, so jag die lauff fast mit laidthundt, da nimbstu mancherlay zaychen war, die jch dir nicht alle woll schreiben khan. vnd bist vnverdrossen vnd nicht laß, so erjagstu das wildt, den schlaffenden katzen lauffen die meüß seltten jhn mundt. | ||

(21) 140 r^{8-10} 20 v |Wan der hersch jhn lettiger erden geth, so scheücht er sich, wan aber der erdt naß jst, so würff er den schuch gantz von jhm. das jst ein gutt zaychen vnd haist das hersch jhnsiegel. das jst dauon, das der grindman[185]) vnd das fädelein, das nässlein vnd das blenden vnd alles, das ein hersch thun mag, darin steht gemahlet. dauon jst es genanth das hersch jnsiegel, dan man alle ding darbey sicht.

(24) 140 r^{22} bis 140 v^{1} |Nun mueß jch sagen von dem glas oder lossung.

Das hersch glas jst groß vnd eckhet vnd hatt zepfflin vnd hanget an einander. so jst eines wildts glas sinwell vnd klein alls einer
(25) 140 v^{2-9} gayß vnd gögellecht. | |wan auch der hersch geth beim wild, so geth er all wegen neben dem wildt vnd sonderbar vnd geth all weg geschrenckht alls ob jhr zwen seindt. so geth aber das wildt
21 r all nach ein ander wie viell der seindt || jhn einem pfadt vnd nahe bey ein ander. das thutt der hersch nit. der geth all wegen neben herr vnd hinden nach. bey der bayschafft soltu merckhen das es ein hersch sey wan er einig geth vnd neben jhnen herr. |

(26) 140 v^{10-16} |Nun muß jch dich lehren.

So der hersch vf einem siebenden schne oder erdreich geth, wie du jhn erkennen solt. du solt merckhen den schritt. so schreitt er viell waitter dan ein wildt vnd geth all wegen geschrenckht

gleich alls jhr zwen seindt vnd schreytt ein wildt eng vnd geth
schlechtlich für sich. lug nach dem glaß vf dem schne oder jhn
dem rayssenden sandt vnd erdrich alls vor gesagt jst.| |von dem (27) 140 v17–28
glaß wie das beschaffen jst vnd wa dir der hersch vf einem schnee
gestallet hatt, so saycht er neben auß der farth recht alls ein hundt.
so stallet das wildt jhn der förth recht alls ein zoth oder hündin.
das zaychen thun die wölff vnd die füchs vnd hassen. welcher
haden hatt, das saycht auß der farth, das andre jhn die farth.| ||

Vom fädelein. 21 v

Item zum ersten will jch dich lehren. wie jch dich lehr jst gewiß.
der hersch macht einen faden gleich jhn der mitten vnd jst sehr
khlein. vnd wan du das sihest, so sprich jhn vor ein hersch an.

Ein vnderschaidt, das ein wildt nicht thun mag.

Item der hersch zeucht vornen jhm fueß an sich, [scheübt] hinden
mit dem ballen von jhm. das jst ein gewisse zaichen eines hersch.

Die gantze spurr.

Item der hersch greüfft forrnnen dieff jhn die erden vnd würfft
es woll auß. das mag khein wildt nicht thun. wan du das sihest,
so sprich ihn fröwlich ahn vor einen hersch.

Die landt spurr.

Der hersch raicht waitth, aber das wildt schraitth eng vnd kurtz.||

Die creutz spurr. 22 r

Item wo der hersch die füeß cürtzlich setzt vber einander, das
jst ein gewisse spurr vnd mags khein wildt thun.

Der nagel.

Item jhn der mith macht der hersch ein nagel. das khan khein
wildt thun vnd das jst ein gewisse spur. mehr will jch dich lehrnen
ein spur vom hersch, so er sich ezet. wo er vf der erden abbaysset,
so ropfft ers ab wie ein kuhe vnd löst all weg jhn der mitten stehn.
das wildt aber baist es ab wie ein gayß.

Der jung dritt.

Hayssen, wan der hersch gehn holtz geth, so thut er einen
kleünen dritt wie ein kalb. das thutt ein wildt nicht. wan ein

hersch vber ein wissen weg geth, so löst ers nicht, er dritt auff auß wegling. ||

22v Die blendtung.

Item wan er mit dem hindern fueß jhn [den] fördern dritt, das nicht am fördern vß geth oder raicht, das jst eines hersches gewisse spurr vnd mags ein wildt nicht thun.

Der baydritt.

Item das jst, wo ein hinder fueß gleich neben dem fördern steth, ist gewiß einer herschspur. das selbig haist der beydritt.

Das nässlein.

Item der hersch läst allwegen fornen zwischen den clawen wie ein nässlein. das jst ein gewisse spurr.

Das geschrenckh.

Item wan der hersch geth, so geth er all weg alls wern jhr zwen. ||

23r Die nesselspur[186]).

Item macht er fornnen allwegen mit der klawen einer nessel vnd jst dieß ein gewisse spur. das mag khein wildt thun. darumb sprich jhn vor ein hersch ahn.

Mitt vnd von der lossung.

Item die lossung von einem hersch, die hengt an ein ander wie ein patternoster an einem schnürlin jhm somer als ein darm, aber eines wildts lossung jst wie einer gayß oder lohrber.

Schwenden oder widerletz spur.

Item wiltu erkennen, so sihe vber sich. wo ein hersch zue holtz laufft oder geth, so wendet er das laub ausser mit dem gehörn. das mag khein wildt thun mit den ohren. ||

23v Der gang.

Item jch will dich noch ein spur von hersch lehrnen. wan du jhn jhm feldt spürrest, so sihe vf wo die farth gehn holtz will gehn. jst es ein hersch, so geth er nit schlecht gehn holtz sondern ein farth hin zue vnd eine hinder sich vnd dan erst zum andern mahl gehn holtz. das thut khein wildt nicht. das haist der gang.

Der frolich dritt.

Item wan der hersch daher dritt vnd macht sein spur. das mag khein wildt thun. das haissen etliche den frölichen dritt.

Item wan der hersch fleücht, so lauff er gehrn der leütterr nach. thutt er das, so sprich jhn für ein hersch an. ||

Wan du wilt ein gutter jäger werden. 24r

So jag die farth offt mit deinem laidthundt, so würstu mancherley zaychen finden vnd erfahren, die jch dir nicht alle völliglich schreiben kahn. darumb sey vnverdrossen, hatt er vor gutter zaychen alls vor dir thon. vnd thutt er etwan mit sorgen vnd schreckhen vnd würdt nun zue den wegen gehn [vnd] würdt fast widergäng thun, das er sich gehrn von dir stellen[187]) [wolt] alls den jhn sein nattur lehret. vnd wan er allso jhn sorgen jst, so macht er den fueß schmal vnd kurtz. das kümpt jhn dan hartt an. darumb so endtrühret jhm der fueß offt, das er sich erzaygen mueß seiner nattur. vnd rührt auch offt mit den rückhen sampt er geflohen hab vnd springt auch für, ferth gar ernstlich vnd geth dan wider, das er der recht jst. ||

Er rürret auch offt mit dem rückhen vnd geth gar vber von 24v
dem weg zue den dickhin. sie bleiben auch gar schon, das sie sich nider thun. sie gehn auch gehrn zue den betchen. vnd gehrn darinn vf suchen jhre vorthaill. auch suchen sie fast zue den braitten. da halt dich auch fast das zayche[n]s, auch soltu das vor allen dingen eben lugen, ob er ein zerbrochen schallen hatte oder ein kurtze oder ob er fast zue kurtz dritt. das soltu vor allen dingen jhn grosse gewonhaitt bringen oder können, jhn allem nach hengen, das kompt dir offt sicher zue gutten statten. wiltu viell vber landt jagen, so merckh die zaychen all gar woll, wie du den hersch behalten wilt vnd erkennen, den du den tag vmb getriben hast oder gejagt dan die vor genandten zaychen. khein vnerschrockhener hersch thutt noch jhme endt dritt. mit diessen zaychen muestu jhn wider erregen. ||

Item allen jungen jägern zue ehren will jch ein löblich stückh 25r
der sporr lehren, das jhn der brunfft gewiß jst vnd khein thier

nimmer thun mag. wan der hersch jhn der brunfft sich sollet[188]), so thut er ein zaychen der sporr, das man jhn spürth vnd spürren mag, da er nicht hin kom*m*en, auch nimer dar komen mag. vnd dieß jst die warhafftig gewisse sporr. wan er sich jhn den wälden sullet, so rayst vnd bricht er den sull mit den füessen vnd nimpt den sull mit dem gehörrn vnd würfft jhn vor sich jhn die baum. da jst er nicht gewessen vnd mag auch nicht dahin komen. an derselben sporr magstu gewisslichen kennen, das es warlich ein hersch jst. vnd ob du jhm nicht glauben geben wolttest, so sihe jhn die fueß dritt, so findestu warlich vfrichtigen bericht der warhaitt. Ende dieß zaychen. ||

25v Wan der hersch harnet, so harnnet er auß der farth alls ein hundt, das khan khein wildt thun.

Von hersch spurren.

Item jhm schne so streicht der hersch den schne allwegen neben der farth. das mag khein wildt thun.

Item wan der hersch geth, so setzt er die füeß all fornnen zue samen. wan du das sihest, so sprich jhn fröelich für einen Hersch an.

Item wan der hersch fleücht, so lauff er gehrn der leüderr nach. thut er das, so sprich jhn für ein hersch an.

Item das hersch apffel zaychen wan er den fueß allso jhm ring rumb drehet vnd thuet solches auch gehrn bey den sullzen[189]). das thutt khein wildt nicht. ||

26r Item mehr will jch dich lehrnnen von der spurr. wan der hersch fleücht, so drückht er hinden mit dem ballen [die] alten[190]) affter klawen all wegen beseytzs auß. so du das sihest, so sprich jhn frölich für ein hersch an.

Noch mehr, wan der hersch fleücht, so löst er sich hinden nider auff die hexen[191]) wie ein sauw. das thutt khein wildt nicht.

Item mehr von der creütz spurr. wan der hersch fleücht, so reckht er einen fueß gegen dem andern gleich alls ob jhr zwen wern. das jst ein edle spur. so sprich jhn froelich für ein hersch an.

Item wan ein hersch flücht, so sehen die alten vnd fördern gleich zue samen oder vf ein ander.

Item wan der hersch fleücht, so macht er hinden an dem ballen zwo schrollen[192]). das mag khein wildt thun. ‖

Item wen der hersch fleücht, so zeücht er die klawen fornnen 26v
zue samen vnd raysset herauß mit gantzen fueß, das mag khein wildt thun.

Item jhn suma: such den hersch wo es solln oder sultzen hatt. ihn der pfaltz[193]) nennets man die blätz[194]), so die hersch scharrn jhn der brunfft, bruch. Item jhn der Margraffschafft brandenburg nennet mans ein hersch faltz[195]).

Item jhn der grueß such jhn bey den hohen, wo es lautter höltzer hatt.

Vom wildt.

Item das wildt geth schlicht nach ein ander auß dem beth dahin vnd jsset nach ein ander. das thutt der hersch nicht.

Item wan das wildt gehn holtz geth, so geth es gleich nach der dickhin wie ein schwain vnd geth schlecht zum beth. das thutt ein hersch nit. der geth einen gang hin, dan den andern vber den ersten. das hayst der creützgang vnd das thutt khein wildt nicht.

ANMERKUNGEN

1. *faisi*, auch *vaise* A 136 r^{5}, *vaisse* A 136 v^{1}, *faisse* B, *fayße* C, *faistin* D = Feistzeit.
2. *zu den ... fran wellden* = in den herrschaftlichen Wäldern.
3. *vesen* = Dinkel (Triticum spelta L), auch Spelt oder Schwabenkorn genannt, eine Form des Weizens, bei der die Hülsen sich bei der Reife nicht vom Korn lösen. Der Dinkel ergibt ein gelbliches Mehl, das dem des Weizens nahesteht, ist aber viel anspruchsloser und widerstandsfähiger als Weizen, wird deshalb auch in höheren Lagen Süddeutschlands und der Schweiz angebaut und gilt als das ursprüngliche Brotgetreide der Schwaben und Alemannen. Die Erwähnung des vesen in unserem Traktat ist zugleich eine Bestätigung des durch den Namen Hugo Wittenwiller bereits bestimmten Entstehungsbereiches. s. auch Anmerkung 154.
4. *höwen* = Schläge, Hauungen.
5. *brenden* = durch Brand gerodete Plätze.
6. *rüttinen* = Rodungen.
7. *sol* = Suhle; Kotlache, in der sich das Wild zu wälzen pflegt, deshalb „Sal oder Waltz" in GJ. Auch sal kommt im mhd. in der Bedeutung Schmutz vor. Dagegen ist der Ersatz von sol durch Sun*n*en (D) oder Sonnen (H) durch das Mißverständnis eines Abschreibers, der an lat. sol = Sonne dachte, zu erklären.
8. *die sund jn wol ertrincknet* = die Sonne ihn wohl trocknet.
9. *dicki, dikinan* A 137 r^{8}, *diki* A 137 r^{9}, *dickin* B, *dicken* C, *dicke* GJ = Dickung, Dickicht.
10. *sich bestätnan* (auch 137 r^{8}) = sich niedertun, sich auf eine stat oder stelle legen.
11. *der hirczen wandelunge* = Die „Wandlung" von Hirsch und Tier, d. h. die Art des Zu-Holze-Ziehens findet sich nur im klassischen Text und dort, wo dieser als Vorbild diente (S Kap. 19, S. 18; T Kap. 9, fol. 6 v; U Kap. 19, fol. 10 r/10 v, V fol. 16 r/16 v). Im übrigen Schrifttum wurden die hier geäußerten Beobachtungen nicht als Zeichen gewertet.
12. *schlüft, schlüift* A 137 r^{10} = schlüpft.
13. *wittinan* = weiter, offener Raum.
14. *aberklaw* (vgl. auch A 139 r^{5} ff.) = die Afterklauen, auch das Geäfter oder der Oberrücken — richtiger die Oberricken — genannt, sind die über dem Fesselgelenk stehenden, nach rückwärts gerichteten kleinen Hornvorsprünge.

15. *gehürn* (auch A 137 v[1], A 137 v[5]) = Gehörn, während des ganzen Mittelalters bis in die Neuzeit im deutschen Sprachraum vorherrschender Ausdruck für das Geweih des Rothirsches. Auch bei Helias Meichßner (Handbüchlin gründlichs Berichts, Frankfurt a. M. 1567, fol. XXIII v) „Der Hirsch . . . hat ein gehürn", ebenso im „Neuw Jag vnnd Weydwerck Buch", Frankfurt a. M. 1582, stets „Gehirn".

16. *dz gewenden oder der widerlicz* = Gewenden kommt vom Umwenden, Umdrehen der Blätter durch die Berührung mit dem Geweih. widerlicz hatte völlig den gleichen Sinn und bedeutete „Umstülpen", hier das Umdrehen des Laubes. (Vgl. auch Schweizerisches Idiotikon. Wörterbuch der schweizerdeutschen Sprache, Bd. III, Sp. 1563ff., bes. 1566.)

17. *oren* = im spätmittelalterlichen deutschen Schrifttum ist nur von den Ohren des Rotwildes die Rede. Loser, Luser, Lauscher als termini technici sind jüngeren Datums.

18. *fürben* = das mhd. Verb vürben, vurben, fürwen, furwen, das den Sinn von reinigen, säubern, putzen hatte und hier für fegen benutzt wird, ist der neueren Jägersprache verlorengegangen.

19. *geschlagen.* Die Erklärung dieses Zeichens ergibt sich unmißverständlich aus dem Text selbst: „. . . denn er schlägt häufig auch nachdem er gefegt hat. Das ist gar ein gutes Zeichen und heißt Geschlagen". Das Schlagen war somit das Scheuern des Geweihes aus Übermut oder Unwillen, jedenfalls nicht aus Anlaß der Bastentfernung. Fegen und Schlagen gehörten wie das Wenden oder der widerlicz zu den Himmelsspuren, weil man, um sie zu finden, den Blick nicht nach unten sondern nach oben zu richten hatte. Hierher gehören auch S Kap. 12, S. 13 und U Kap. 22, fol. 10 v/11 r.

20. *scherhuffen* = Maulwurfshaufen.

21. *rüren* = herumrühren, in der Erde herumwühlen.

22. *hert* (*herd* A 139 v[5], *erd* A 138 v[14], A 139 r[9], A 139 v[5]) = Erde, Erdreich, Boden.

23. *bischaft* (auch A 137 v[18]) = gutes Vorzeichen.

24. *gres* = Gras.

25. *vart* (auch A 139 r[22]). Wir treffen in der „Lehre von den Zeichen des Hirsches" *vart, wart* (A 138 r[9]) für die Fährte, die *erspürt* (A 137 v[15]), *verspürt* (A 138 r[9]) oder *gespürt* (A 140 r[2]) wird, gleichberechtigt neben *spur* (A 139 r[11]), *spor* (A 139 v[17]) = Spur. Beide Worte wurden im gleichen Sinne beim Rotwild gebraucht. Die Regel, die Tritte des Schalenwildes und der Trappe nur als Fährte zu bezeichnen, stammt aus jüngerer Zeit.

26. *scharsach, scharsak* (A 138 v[25]) = Scher- oder Rasiermesser.

27. *ballen*, pl. *bälli* (139 r[7]) = die an die Sohle anschließende elastische Wulst hinter den Schalen.

28. *zermüden*, *zermüren* B, *zermörschen* GJ = zerdrücken, zerquetschen. Vgl. auch Anmerkung 104.

29. *abtritt*. Unter dem Abtritt verstand man Gräser oder Halme der jungen Saat, die vom Schalenrand am Fuß des Hirsches beim Auftreten angeblich wie mit einem Messer abgeschnitten, vom Schalenrand am Fuß des Tieres aber nur zerquetscht wurden. Dieses vielbeachtete Zeichen läßt sich durch alle Handschriften verfolgen. Wir finden es wieder in S (Kap. 15, S. 15, wo irrtümlich auch das den Beitritt behandelnde Kap. 16 die Überschrift Abtritt trägt), T (Kap. 11, fol. 8 r), U (Kap. 27, fol. 11 v) und V (fol. 17 r/17 v). Vgl. auch G. Kap. 43, fol 31 r „ob der abtrit grüen oder welck ist."

30. *bytritt*. „Wo du den hinteren Fuß bei dem vorderen siehst, so, daß sie in gleicher Höhe nebeneinander stehen und keiner von beiden vor den anderen geht . . . heißt Beitritt." Der Beitritt gehörte zu den am höchsten geschätzten Zeichen des Hirsches. Ebenso äußern sich S (Kap. 16, S. 15/16), T (Kap. 12, fol. 8 r), U (Kap. 16, fol. 9 v) und V (fol. 8 r, fol. 17 v und fol. 22 v).

31. *ewedrer* = keiner von beiden.

32. *ansprechen* (auch A 138 v[16]). Es lag mir nur daran, auf das hohe Alter dieses terminus technicus hinzuweisen, der hier den Sinn von „für etwas halten" hat, offensichtlich aber schon ganz in seiner heutigen Bedeutung (ein lebendes Stück Wild nach Art und Stärke beurteilen) gebraucht wurde. Vgl. daneben im gleichen Sinne angewandt, aber heute verlorengegangen „anschreien", Kap. 31 (Zusatz zu F fol. 7 e[8]).

33. *blenden oder ereilen*. Es ist allzu rasch geurteilt, wenn Robert Thiele (a. a. O., Merseburg 1931, S. 105 und S. 90) sagt, im klassischen Text und in der Handschrift des Kuno zu Winenburg und Beilstein seien die Zeichen des Blendens und Übereilens unklar zusammengeworfen. Mochten A und S (Kap. 17 u. 18, S. 16) und mit ihnen übereinstimmend T (Kap. 13, fol. 8 r/8 v) und V (fol. 18 r) etwas schwerer zu lesen sein, so läßt U keine Ungewißheit mehr. Hier werden das Blenden (Kap. 12, fol. 9 r/9 v) und seine zwei Abarten nach vor- und rückwärts, das Ereilen (Kap. 14, fol. 9 v) und der Nachtritt (Kap. 13, fol. 9 v) genau beschrieben. Beim Blenden wurde der hintere Fuß in den vorderen gesetzt, „daß du nicht mehr als einen Fuß erkennen kannst". Beim Ereilen kam der hintere Fuß vor den vorderen zu stehen, mindestens so weit, daß die Ballen des hinteren Fußes die Spitze des vorderen überdeckten. Beim Nachtritt trat der Hirsch mit

dem hinteren Fuß „gerade hinter den forderen". Im gleichen Sinne erklärte Albrecht Retz (V fol. 8r und 22v) das Blenden.

34. *zwingen, zwinget* (A138r[28]). Das Zwingen ist im neueren Schrifttum wohl das umstrittenste im Kreis der Zeichen, die Jahrhunderte hindurch für geeignet erachtet wurden, als Unterscheidungsmerkmale in den Fährten der Geschlechter des Rotwildes zu gelten. Robert Thiele (a.a.O., Merseburg 1931) hat es deshalb an die Spitze seiner Betrachtungen gestellt und besonders ausführlich behandelt. Grundgedanke der klassischen Zeichenlehre war: der Hirsch spreizt die Schalen nicht, sondern zwingt, d. h. schließt sie so fest zusammen, daß „nichts dazwischen herausgeht". Diese These der mittelalterlichen deutschen Zeichenlehre kehrt in allen Texten, bei denen eine unmittelbare Abhängigkeit von der klassischen Fassung gegeben ist (S Kap. 18, S. 16/17; T Kap. 13, fol. 8v; V fol. 18v) wieder. Sie fehlt dagegen in der jüngeren „Lehre von den Zeichen des Hirsches", bezeichnenderweise ganz in U. Dies allein mag schon als Beweis genügen, auf welch schwankendem Boden Thieles massive Angriffe gegen die Zeichenlehre gegründet sind. Fädlein, Näslein und Burz waren Begleiterscheinungen des Zwingens und wurden deshalb meist mit ihm behandelt.
35. *vedemli* = Fädlein.
36. *neslin* = Näslein, Näschen.
37. *löb* = Laubblatt. Das Wort kommt in keinem der Paralleltexte nochmals vor, in denen nur von Näslein oder, gleichfalls verderbt, von Fäßlein die Rede ist.
38. *burczi* (Börzi, Bürzi) ist schlechthin ein Ausdruck für etwas rundlich Hervorragendes; er wird in unterschiedlichstem Sinn angewandt (vgl. hierzu Schweizerisches Idiotikon, Wörterbuch der schweizerdeutschen Sprache Bd. IV, Spalte 1645).
39. *stuncz* = stumpf.
40. *schal* = Huf des Rotwildes.
41. *rik* bedeutet so viel wie Band, Fessel und muß, obgleich der Text keine nähere Erläuterung gibt, die Bezeichnung für das gekreuzte Zwischenklauenband oberhalb der Ballen gewesen sein. Damit erklärt sich auch das Wort „Oberrücken" — das eigentlich Oberricken geschrieben werden sollte und nichts mit rücke, rück = Rücken zu tun hat — für die Afterklauen; es heißt soviel wie „oberhalb des Zwischenklauenbandes stehend".
42. *schrenken*. Unter dem Schränken versteht man das Abweichen der rechten und der linken Tritte des Rotwildes von der idealen Mittellinie der Fährte. Je mehr ein Stück schränkte, desto stärker entstand der Eindruck, es handele sich um zwei Stücke. (Vgl. auch S Kap. 21, S. 20; T Kap. 16, fol. 9v/10r; U Kap. 10, fol. 9r; V fol. 8r, 20r und 22v).

43. *schletlich* = in gerader Weise, d. h. ohne nennenswertes Abweichen der rechten und der linken Tritte von der Mittellinie der Fährte.
44. *grummen* = Klümpchen, Häufchen (vgl. Schweizerisches Idiotikon, Wörterbuch der schweizerdeutschen Sprache, Bd. II, Spalte 734).
45. *michel* = groß, beachtlich.
46. *bühel, büheli* (A 139 v[14]) = Hügel, Ausbauchung, kleine Erhöhung (vgl. auch Schweizerisches Idiotikon, Wörterbuch der schweizerdeutschen Sprache, Bd. IV, Spalte 1094 ff.).
47. *burgstal.* Das Burgstal war die Stelle, an der eine Burg stand, also ihr Standort. In der Regel handelte es sich um einen Berg. Damit erklärt sich die übertragene Bedeutung, in der das Wort in der Fährtenlehre gebraucht wurde. Der bühel bildete die Erderhebung, deren Form einem Burgberg ähnelte.
48. *siwel* = sinwel, rund.
49. *gemelde.* Das sehr ansprechende Wort Gemälde für den Trittsiegel, das dessen Bildcharakter anschaulich wiedergibt, ist leider im jagdlichen Sprachgebrauch der Neuzeit verlorengegangen.
50. *schlet* = flach; von schlichten = glatt, eben, gerade machen.
51. *löf* = Läufe, hier als pars pro toto für Rotwild gesetzt.
52. *äschen oder linden leim* = Asche (nach GJ gerede = taugliche, passende, entsprechend präparierte Asche) oder weichen Lehm.
53. *gelöse* = die Exkremente, d. h. dasjenige, wovon sich das Wild gelöst, befreit hat.
54. *zepfli* = Zäpfchen, das spitzere Ende der Rotwildlösung, im Gegensatz zum „Näpfchen", der geringfügigen Vertiefung auf der Gegenseite.
55. *gagenlecht.* Der Gagel ist in der Schweiz das feste trockene Exkrement von Ziegen, Schafen und einer Anzahl weiterer Kleintiere: gagenlecht hat den Sinn von „wie Schafskot" (Schweizerisches Idiotikon, Wörterbuch der schweizerdeutschen Sprache, Bd. II, Spalte 139).
56. *riesig* = rutschig, ausweichend, hier im Sinne von locker, lose; vom mhd. rîsen = sich von oben nach unten bewegen, fallen.
57. *gestallet*, stallen = harnen, nässen, Wasser ablassen.
58. *seicht*, seichen = gleichbedeutend mit stallen; der lebenden Weidmannssprache fremd.
59. *zohe* = Hündin.
60. *fut* = weibl. Geschlechtsteile, cunnus, volva.
61. *fulbomen lob* = Laub des Faulbaum (Rhamnus frangula L).
62. *flachß* = Flachs oder Lein (Linum usitatissimum L).
63. *svila* oder *merczwifal* = die im Küstenland des Mittelmeergebietes heimische Urginea maritima Baker, eine Nutzpflanze, die in Süddeutschland

auf dem Lande in Töpfen gezogen und als Hausmittel verwendet wurde. Der schleimige, sehr scharfe Saft der Zwiebel diente zum Aufziehen von Geschwüren.

64. *wilprät, willprät* tritt hier innerhalb des mit der „Lehre von den Zeichen des Hirsches" verbundenen Wortschatzes erstmalig als Sammelbezeichnung für männliches und weibliches Rotwild auf.

65. *Sennelin, Senneln,* verderbt auch Semmeln, bedeutet soviel wie Sehnlein, kleine Sehne.

66. *glepscher* wohl klieb-scher, zum Spalten geeignete Schere.

67. *Pferricht* = Pferch, Einfriedung, eingezäunte Fläche.

68. *bonnen vnd lorbern* = Bohnen und Lorbeern, noch heute übliche Ausdrücke für die bohnen- oder lorbeerförmige Losung des Rotwildes.

69. *Spilbaum* ist nur verderbt für Spindelbaum, auch Pfaffenhütchen genannt (Evonymus europaea L).

70. *schißbore* = Traubenkirsche, Schießbeere (Prunus Padus L).

71. *wild holzopffl baum* = wilder Apfel, Holz- oder Waldapfel (Pirus malus silvestris L).

72. *S. Gilgentag* = Tag des heiligen Ägidius, Abt von St. Gilles in der Provence, 1. September.

73. *Suech* verderbt für suel, Suhle; wahrscheinlich stand in der Vorlage Sulch, wie auch in S Kap. 2, S. 3[10].

74. *neust* = genießt.

75. *braun bier laup* = Brombeerlaub, dem Sprachgebrauch nach vornehmlich das Laub von Rubus caesius L, wohl aber auch von Rubus fructicosus L.

76. *greuss* von mhd. gruose hat die Bedeutung von jungen grünen Trieben der Pflanzen, wurde aber auch für die entsprechende Jahreszeit angewandt. In diesem Sinne finden wir es auch im Jägerbuch des Albrecht Retz (V fol. 9 v bzw. 26 v) „jhn der grueß bey der höhen, da es lautter jst".

77. *roder* = Rodungen.

78. *zimen, zyemen* (S Kap. 7, S. 10[4]) von mhd. zein = Reis, Zweig, Pflanzenschoß, hier im Sinne von Trieb gebraucht.

79. *driessben,* von mhd. driesch = unbebautes Land, Brachfelder.

80. *dyckte* = Dickung, s. auch Anmerkung 9.

81. *vielerley gerenß wegen* = des vielen Gerennes, Herumrennens wegen.

82. *daw* = Tau, s. auch T Kap. 16, fol. 9 v.

83. *jnn der heyenn . . . zeytt* = in der Zeit, in der die Feldfrüchte aufgezogen und gehegt (heien) werden. Vgl. auch heywetter S Kap. 8, S. 11[1], heyiken . . . wetterß S Kap. 13, S. 13[13–14]).

84. *eher* = Ähren.

85. *riebig* = reif zum Vermahlen.

86. *zidig* = ausgewachsen, reif.

87. *selzung*. Der Zusammenhang dieses Wortes mit Salz ist augenscheinlich. „Ich denke an die Plätze alter, verlassener Meiler; im Verlauf der Zeit bedecken sich diese Plätze mit üppigem Graswuchs und solche Stellen suchen die Hirsche bekanntermaßen mit Vorliebe als Aeßungsplätze auf" (v. Wagner, a. a. O., S. 550, N. 20). Raoul Ritter von Dombrowski (Das Edelwild, Wien 1878, S..363) wies darauf hin, daß dieser üppige Graswuchs der zurückgebliebenen Kohlenasche zufolge einen erhöhten Gehalt an Nährsalzen enthalten habe.

88. *keleplazen* = Kohlenplätze, Orte, an denen ehedem Kohlenmeiler gestanden hatten.

89. *ruben rodern* = mit Rüben bebaute Rodungen.

90. *wilder holder* = krautartiger Holunder (Sambucus ebulus L).

91. *aspen* = Espe, Zitterpappel (Populus tremula L).

92. *solweyden* = Salix caprea L.

93. *hirß schwem oder rebling* = ein eßbarer Pilz, der mehrfach in süddeutschen Marktordnungen bezeugt ist. Er erscheint unter den Bezeichnungen Hirschling (Hermann Fischer, Schwäbisches Wörterbuch Bd. III, Tübingen 1911, Sp. 1689) oder Rehling (ebenda Bd. V, Tübingen 1920, Sp. 247).

94. *wild vnnd zame appelbaumen* = Pirus malus silvestris und P. m. pumila.

95. *prunen baum* = Pflaumenbaum (Prunus domestica L).

96. *heygen* = Gehege, s. auch Anmerkung 162.

97. *vßschusslenge* = Schößlinge, Stockausschläge.

98. *jederich*. Von Wagner (a. a. O., S. 552) dachte an Hochzeitsnacht oder Verwandtes. Die beste Erklärung wäre wohl „in den Ehestand treten", denn in diesemSinn finden wir das Wort in Albrecht Retz Gedicht „Das Jägerlatein" (s. oben, S. 79, 1 v[15,16]):

„wo hersch vnd wildt sich han berandt
vnd darnach thun den jederichen standt".

99. *ersehnden ... sie sich* = sind sie von Liebesverlangen erfüllt.

100. *Erstandenn*. Dieses Wort begegnet uns in den übrigen hier behandelten Handschriften über die „Lehre von den Zeichen des Hirsches" nicht wieder, auch kann es nicht als terminus technicus für ein bestimmtes Fährtenzeichen aufgefaßt werden. Es hatte den Sinn von „ausgemacht" oder „bestätigt".

101. *dhyer*, auch *Thyer* S Kap. 10, S. 12. Hier erscheint in der Zeichenlehre für ein Stück weibliches Rotwild, das in der klassischen Fassung immer als Hindin und in der Stuttgarter Handschrift bisher im Gegensatz zum Hirsch

als wild bezeichnet wurde, erstmalig der in der Gegenwart vorherrschende Ausdruck Tier.

102. *zerfurt* von mhd. *zervüeren* = in Unordnung bringen, zerzausen.

103. *gestrupfft*, von mhd. *strupfen* = abrupfen, abstreifen.

104. *zermulen oder zermusen* = zerreiben, zerdrücken, zerquetschen. Vgl. auch Anmerkung 28.

105. Die Überschrift des Kap. 16, die v. Wagner ganz entfallen lassen hatte, weil sie im Hinblick auf die Überschrift des vorhergehenden Kapitels keine Berechtigung zu haben schien, beruht offensichtlich auf einem Irrtum. Sie muß lauten „Von dem Beitritt", ebenso wie S. 15[16] abtrith durch beytrith zu ersetzen ist.

106. *hochwildt* (auch S Kap. 22, S. 20[14]). Das überraschend auftauchende Wort hat insofern einen ungewöhnlichen Sinn als es — seiner spezifisch rechtlichen Bedeutung entkleidet — sich hier nur auf das weibliche Rotwild, nicht aber auf die Art schlechthin bezieht.

107. *grimmet*, auch *griemet* (T fol. 3 v[13]) kommt von mhd. krimmen, grimmen = kneifen, zwicken und hat hier den Sinn von drücken. Übrigens ist in der Wolfskeelschen Handschrift Kap. 7, fol. 5 v[10] auch das griemen in der Bedeutung von „das Geklemmte" an Stelle des grum*men* im klassischen Text (A fol. 140 r[8], s. auch Anmerkung 44) gesetzt. s. auch Grimen (U Kap. 3, fol. 5 r[8]). Sehr klar ist die Erklärung in U Kap. 5, fol. 7 r[14]: „Ein Wild grimmet nicht", also es drückt keinen klaren Trittsiegel ab. „Es reißt mit seinem Fuß wie eine Ziege immer die Erde auf und faßt keinen gewissen, starken Tritt".

108. *förde*, auch *förder* (*n*) (T fol. 2 v[13]) = Fährte.

109. Im Original heißt es irrtümlich *Lincken fordern* statt *fordern Lincken.*

110. *zeltvferdt* = Zelter, Paßgänger.

111. *geöder* = Sehnen der Läufe.

112. *dargetaubt* von mhd. diuhen = drücken, bedeutet in diesem Zusammenhang eingedrückt.

113. *schleunerich* = schleimig.

114. *Sibendenn* = stiebendem.

115. *reissen* = s. N. 56.

116. *hiebs* = hübsch, fein.

117. *maß*, auch *moeß* (T fol. 12 r[8]) = Moos.

118. *wesselein* = Fäßlein (wie auch weßlein in E als Variante des Urtextes A fol. 138 v[14]).

119. *zwer* = quer, hier „einen halben zwer finger", soviel wie „die Spanne eines halben Fingers".

120. Das hier erwähnte Zeichen: „Wenn der Hirsch flüchtig ist, so macht er mit seinen Oberricken ein Kreuz" ist nicht mit dem Kreuztritt oder der Kreuzspur, einem verhältnismäßg spät auftretenden Zeichen, zu verwechseln. In der Hohenloheschen Handschrift heißt es erklärend (U Kap. 15, fol. 9 v): „Wenn ein Hirsch den hinteren Fuß halb in den vorderen derart setzt, daß man anderthalb Fuß sieht, heißt es die Kreuzspur." Es ist aber im Gegensatz zum Fachschrifttum unserer Zeit im allgemeinen noch nicht davon die Rede, daß der auf die Fährte des Vorderlaufes tretende Hirsch hierbei immer seitlich etwas zurückbleibt. Am ehesten möchte man dies aus den Erläuterungen des Albrecht Retz (V fol. 12 r) lesen: „Wenn der hintere Fuß bei dem fordern Fuß steht, so daß die hintere innere Schale auf der forderen äußeren Schale steht, so daß es forne ein Kreuz gibt ... das ... heißt der Kreuztritt". Weniger deutlich drückt er sich an anderer Stelle (V fol. 7 v) aus: „Die Kreuzspur wenn ein Hirsch die Füße kreuzweise übereinander setzt." (Ebenso V fol. 22 r, abweichend V fol 11 v und 26 r.) Von Kreuztritt und Kreuzspur ist der Kreuzgang (V 26 v) zu unterscheiden: „Der Hirsch geht (gen Holz) einen Gang hin, dann den anderen über den ersten. Das heißt Kreuzgang."

121. *greitelt* (greitlen) = spreizt.

122. *vmb einen zwerch finger auff* = um einen Finger breit auf.

123. *gehene* = Gehänge.

124. *schreibs*. Dieses Wort ist als Gegensatz zu eben, d. i. gleichmäßig, glatt zu sehen und hat wohl die Bedeutung von „am Rande ausgefasert". Vgl. dazu S Kap. 15, S. 15[11] „nit reyn vnnd sauber".

125. *wasen* = Rasenstück, Erdscholle mit Grasnarbe.

126. Der Schluß des Satzes ist wohl durch eine Auslassung unklar.

127. *gespüle* = Spielgenosse.

128. *ringes gemüeth* = leichtes, frohes, unbekümmertes Gemüt.

129. *rehendt* kommt von mhd. rohen, ruohen, das soviel wie brüllen, lärmen, Geschrei machen, in unserem Zusammenhang bellen, Laut geben bedeutet. Die Jagd- und Leithunde sollten tüchtig „röhen", d. h. anschlagen.

130. *schlaudern* = nachlässig arbeiten, vber die farth schlaudert = aus Unachtsamkeit die Fährte überläuft.

131. nit fehlt, ist aber aus der Parallelstelle in U Kap. 5, fol. 7 r[2] „Eines willdes fues ... jst *nicht* so hol ... " zu ergänzen.

132. *fullen spuer* = Spur eines Füllen, weil sie — da „man nichts darzwischen sihet" — der Spur eines Einzehers ähnelte. Im gleichen Sinne erscheint das Wort am Schluß von U Kap. 4, fol. 6 v, während es in U Kap. 12, fol. 9 v für den Fall des Blendens zur Anwendung kommt: „... so siehet

diese spuer nit anders dann wie ein fullen fuess. etzliche jager nennens auch die Pferdtspuer."

133. *gantzen.* Es handelt sich um einen Schreibfehler und muß „halben" heißen.

134. Das „Gerich" wird weder in der Hohenloheschen Handschrift erklärt, noch läßt es sich in einem anderen Text nachweisen. Das Wort ist sicher mit den „Himmelsspuren" in Zusammenhang zu bringen und dürfte den Sinn des „Gereichs", des mit dem Geweih erreichbaren Bereichs gehabt haben.

135. *Albiß.* Auch dieses Zeichen wird nur in dieser Inhaltsübersicht erwähnt, im Text aber nicht erklärt. Deutungsversuche sind so lange müßig als nicht zu ermitteln ist, wie das Zeichen aussah. Vielleicht haben wir es mit dem abbiß zu tun, der bei Albrecht Retz (V fol. 8r) vorkommt.

136. *wedenej.* Gleichfalls ohne nochmalige Erwähnung oder Erklärung.

137. *schurfft* = reißt den Boden oberflächlich auf.

138. *leymigen, tänigem vnd lattigem erdtrich* = lehmiges, toniges und lettiges (von Lettenboden) Erdreich. In U Kap. 31, fol. 12r heißt es im gleichen Sinn „in eynem leymigen, leytigen, taynigen erdtrich".

139. *hueblein* = Hügelchen, kleine Erhebung, s. auch U Kap. 28, fol. 11v „in der mitten ein hüblein", U Kap. 29, fol. 11v) „ein kleines hueblein zwischen den Ballen" und U Kap. 30, fol. 12r „ein kleines hueblein als ein haselnuß".

140. *Gemoeß* kann hier sowohl den Sinn von Moor als auch von Moos haben, da das Wort für beides bezeugt ist. Gemeint war jedenfalls ein Boden, der keinen klaren Trittsiegel wiedergab.

141. *zurorendem* = zusammenfallendem.

142. *breyten* = wohl verschrieben für beiden.

143. *Geschlecht* = von Schlagen, Geschlagen, vgl. auch den klassischen Text A Kap. 5, fol. 137v[s] „dz zeiche*n* heis geschlag*en*".

144. *vorreckt* = vereckt.

145. *verhert* = die neuen Stangen verhärtet.

146. *ebicht* = das Abgewendete, Entgegengesetzte.

147. *pruntzet* = uriniert, das Wasser abschlägt.

148. *leyden* = Bergabhänge, Halden, s. auch „Leiden" U Kap. 41, fol. 16r.

149. *Bürgel* = kleine Bodenerhebung, Hügel, sinngleich mit „hueblein", vgl. auch U Kap. 41, fol. 16r „halbe vnd gantze Birgel".

150. *Platten.* Im jagdlichen Schrifttum verhältnismäßig selten vorkommende Bezeichnung für die Stirnflächen der Rosenstöcke. Im Zusammenhang damit steht „Platthirsch" für den geweihlosen Hirsch.

151. *geretene* = taugliche, passende, s. auch Anmerkung 52.

152. *Brüchlein* = verschrieben für Büchlein.

153. *Haydenkorn* = Buchweizen (Fagopyrum esculentum).

154. *Gemanckorn* = (Kap. 39) „fehsen, das jst Gemangkorn"; fehsen bedeutet Dinkel (Triticum spelta L), s. auch Anmerkung 3.

155. *weglingen* = von mhd. weggelich = keilförmig, s. auch V fol. 22r wegling

156. *knoden*. Vermutlich steckt ein Fehler im Text. Das schlecht lesbare Wort knoden könnte für Knöchel stehen, aber auch mit hoden zusammenhängen.

157. *leütterr* = das Lichte, die Lichtung, vgl. auch V fol. 9v, „laufft er gehrn der liechte oder leütterung das holtz nach", V fol. 23v „so lauff er gehrn der leütterr nach" und V fol. 25v, „so lauff er gehrn der leüderr nach".

158. *litz* = das Gegenteil, die andere Seite, vgl. auch Anmerkung 16.

159. *besaitzs* = seitlich, an der Seite.

160. *schratt*. Das sonst nicht nachweisbare Wort muß den gleichen Sinn wie schrollen gehabt haben, da es V fol. 26r, Anmerkung 192, inhaltsgleich gebraucht wird.

161. *schnaidten* = durch den Wald gehauene Wege, Durchhiebe.

162. *hayen* = Gehege, Hegungen, Anpflanzungen, s. auch Anmerkung 96.

163. *grueß* = s. Anmerkung 76.

164. *jesset* = ißt, aest.

165. *gurgel spurr*. Diese Bezeichnung ist weder verständlich noch aus dem Text erklärbar.

166. *roden oder resseln*. Die hierunter verstandene Pflanzenart ließ sich nicht ermitteln.

167. *hässelin laub*, s. auch V 11r *hassel stauden* = Laub vom Haselnußstrauch (Corylus avellana L).

168. *brosset* = die Knospen annimmt, vgl. auch V 13r „wan das jung den brost nimpt" d. i. wenn das Junge die Knospen nimmt; vgl. hierzu a. G. Kap. 38 (Zusätze zum klassischen Text): „... des Hirsch abbrosen, wenn er ... isst ein Holtz ...".

169. *heunß baumen*. Aus der Literatur ließ sich nicht kären, welche Baumart gemeint ist. Die vergleichbaren Parallelstellen in D Kap. 17a, T Kap. 20, fol. 12v und U Kap. 33, fol. 13r lassen nur vermuten, daß es sich um einen Vulgärnamen für den Faulbaum handelt.

170. *zwerg* s. Anmerkung 119.

171. *zinckhlich* = Zinken, kleine Stangen, ungewöhnlicher Ausdruck für das Hirschgeweih vom ersten Kopf.

172. *wetzlet* = wetzt.

173. *empbern* = entbehren, aufgeben, sich entäußern, sich enthalten.

174. *sauwen* ist wohl nur durch Verderbnis der handschriftlichen Überlieferung erklärlich, vielleicht in der Folge fron — froen — frauen — sauwen.

175. *gersten* weist gleichfalls auf den schlechten Zustand der benutzten Handschrift hin und steht für g[e]asde im klassischen Text A fol. 136 r[a].

176. *fäst* steht für vesen (s. Anmerkung 3) und ist ebenfalls verderbt.

177. *selbst* verderbt für solstu.

178. *hospen oder hohen.* hospen bedeutet Holzplätze, hohen steht verderbt für höwen = Schlägen, Hauungen.

179. *kolllotten*, auch *kolllatten* oder *kollletten* lesbar = Köhlerplätze.

180. *praitten* wohl verderbt für brenden s. Anmerkung 5; das Wort kommt allerdings in der Form „zue den braitten" V fol. 24 v nochmals vor, ohne daß eine Sprachverderbung unterstellt werden kann. Wir kennen das Wort Breite auch im Sinn eines größeren, mehrere Morgen umfassenden Stückes Ackerland.

181. *reütten* = Rodungen, entspricht rüttine*n* im klassischen Text (Anmerkung 6).

182. *afft* geht auf einen Schreibfehler zurück und müßte asst = geäsde heißen.

183. *gefürnet* = gefegt, s. auch Anmerkung 18.

184. *sie zue moderts nun* = sie zermodert, d. h. sie zerquetscht es nur.

185. *grindman* = verderbt für grummen, s. Anmerkung 44.

186. *nesselspur* = Näslespur, Näsleinspur; nessel = Näschen.

187. *stellen* = stehlen.

188. *sich sollet, sullet* = suhlt, von mhd. soln = suhlen, vgl. auch V fol. 25 r der sull = die Suhle; V fol. 26 v solln = Suhlen. s. auch Anmerkung 7.

189. *sullzen* = Salzlecken.

190. *alten* hat hier den Sinn von „hinteren", wie sich aus dem drittnächsten Absatz „so sehen die alten vnd fördern gleich zue samen" ergibt.

191. *hexen* = Hachsen, Fersen mit ihren Sehnen an den unteren Hinterläufen des Rot- oder Schwarzwildes.

192. *schrollen* = Schollen, Klumpen.

193. *pfaltz* = Rheinpfalz.

194. *blätz* = Plätze, das sind die Orte, an denen der Hirsch mit den Läufen das alte Laub vom Erdboden weggeschlagen und diesen freigelegt hat. Er hat alsdann „geplätzt".

195. *faltz*. Bemerkenswert ist, daß das vorzugsweise für die Zeit der Paarung der Waldhühner benutzte Wort hier für Erscheinungen während der Brunft des Rotwildes Anwendung findet, jedenfalls in diesem Sinn um die Wende des 16. zum 17. Jahrhundert in der Markgrafschaft Brandenburg gebraucht wurde.

QUELLEN UND STUDIEN
ZUR GESCHICHTE DER JAGD

HERAUSGEGEBEN VON

KURT LINDNER

I

DE ARTE BERSANDI

EIN TRAKTAT DES 13. JAHRHUNDERTS
ÜBER DIE JAGD AUF ROTWILD

1954

II

DIE DEUTSCHE HABICHTSLEHRE

DAS BEIZBÜCHLEIN UND SEINE QUELLEN

1955

VON DIESER AUSGABE WURDEN
300 EXEMPLARE GEDRUCKT

DRUCK UNIVERSITÄTSDRUCKEREI H. STÜRTZ AG, WÜRZBURG

FSC
www.fsc.org
MIX
Papier | Fördert
gute Waldnutzung
FSC® C083411

Zeitfracht Medien GmbH
Ferdinand-Jühlke-Straße 7
99095 Erfurt, Deutschland
produktsicherheit@kolibri360.de